燃气轮机进气过滤系统技术与应用

主　编　李双喜　林　丹　翟　斌
副主编　陈坤毅　柴运强　卫禹丞　尹胜山
参　编　陈　杨　付　宇　杨　星　冯慧英
吴　轩　杨福正

机 械 工 业 出 版 社

本书反映了燃气轮机进气过滤系统研究的最新进展及作者从事该领域研究的成果。全书由进气环境对燃气轮机的影响和损伤、燃气轮机进气过滤系统基本原理、燃气轮机过滤器性能测试、燃气轮机进气过滤系统的应用4部分组成，详细讨论了各种过滤器的作用与用途，并对实际工程中各种使用环境对燃气轮机进气系统的影响进行了详细的阐述与说明，以帮助读者对各种影响因素有更深的了解，从而在实际工程中能更好地避免相关问题的发生。

本书可作为高等院校机械设计及理论专业的研究生教材，以及机械类相关专业的教学参考书，也可作为从事燃气轮机设计和研究的工程技术人员的参考用书。

图书在版编目（CIP）数据

燃气轮机进气过滤系统技术与应用/李双喜，林丹，翟斌主编．—北京：机械工业出版社，2024.7

ISBN 978-7-111-75305-6

Ⅰ.①燃…　Ⅱ.①李…②林…③翟…　Ⅲ.①燃气轮机-进气系统　Ⅳ.①TK47

中国国家版本馆CIP数据核字（2024）第051533号

机械工业出版社（北京市百万庄大街22号　邮政编码100037）

策划编辑：刘元春　　责任编辑：刘元春　戴　琳

责任校对：郑　婕　陈　越　　封面设计：王　旭

责任印制：常天培

北京机工印刷厂有限公司印刷

2024年7月第1版第1次印刷

169mm×239mm · 6.25印张 · 119千字

标准书号：ISBN 978-7-111-75305-6

定价：39.00元

电话服务　　网络服务

客服电话：010-88361066　　机　工　官　网：www.cmpbook.com

010-88379833　　机　工　官　博：weibo.com/cmp1952

010-68326294　　金　书　网：www.golden-book.com

机工教育服务网：www.cmpedu.com

前　言

随着能源需求的不断增长和人们环境保护意识的不断提高，燃气轮机作为一种高效清洁的能源转换设备，在能源领域的应用日益广泛。而进气过滤系统作为燃气轮机中至关重要的组成部分之一，其设计和运行对于燃气轮机的性能和可靠性具有重要影响。本书旨在深入研究燃气轮机进气过滤系统的原理、技术和应用，为读者提供全面而系统的参考资料。

燃气轮机进气过滤系统的主要功能是过滤掉空气中的水分、颗粒物等污染物，以保护燃气轮机的关键部件免受损害。这些污染物如果直接进入燃气轮机，会造成燃烧室积炭、涡轮叶片磨损、压气机叶片腐蚀等问题，降低燃气轮机的效率和缩短其寿命。进气过滤系统通过有效过滤污染物，可以保持燃气轮机的高效运行，延长其寿命，并减少维护成本。因此，合理有效的进气过滤系统设计和使用对于燃气轮机的可靠运行至关重要。

本书首先介绍了进气环境对燃气轮机的影响。进气过滤系统的性能受到进气环境中污染物的种类和浓度的影响，因此，了解进气环境对过滤系统的影响是设计和选择适当系统的重要依据。此外，本书还阐述了进气环境对燃气轮机的损伤，并进行了损伤分类，主要包括不同类型的污染物对燃气轮机关键部件的损坏程度。通过深入研究不同污染物对燃气轮机的影响，读者将能够更好地认识进气过滤系统的必要性和重要性。

其次，本书介绍了燃气轮机进气过滤系统的基本原理。燃气轮机作为一种高效清洁的能源转换设备，在发电厂、工业生产和航空等领域得到了广泛应用。了解燃气轮机进气过滤系统的基本原理和工作方式，以及它在不同应用领域中的特点和要求，对于设计和优化进气过滤系统具有重要意义。本书深入探讨了进气过滤系统的设计要求和标准，包括过滤效率、压力损失、容尘量等关键参数的确定和优化，使读者能够更全面地了解燃气轮机进气过滤系统的设计原则，为实际工程应用提供参考和指导。

再次，本书通过各种试验来测试过滤系统过滤器的性能，如除水、除沙等性能试验，综合分析不同因素之间的相互关系，并提出一些优化策略和建议，以帮助研究人员和工程师更好地设计和选择燃气轮机进气过滤系统。

最后，本书介绍了燃气轮机进气过滤系统的运行参数和维护策略；讨论了燃气轮机进气过滤系统的运行监测和故障诊断方法，以及定期维护和更换过滤介质的技术要点；探讨了燃气轮机进气过滤系统在不同领域中的实际应用；阐述了不同应用场景下燃气轮机进气过滤系统设计的考虑因素，并提供了实际案例和应用经验。

编者在撰写本书的过程中，参考了大量的文献，以及相关工程实际经验和案例，力求将理论与实践相结合。

在此，衷心感谢所有为本书撰写和出版做出贡献的人士和机构。希望读者能够从本书中获得所需的知识和启发，并将其应用于实际工程和研究中，为推动燃气轮机进气过滤系统技术的发展做出贡献。由于编者水平有限，书中错误之处在所难免，希望各位读者批评指正。

编　者

目　录

前言

第 1 章　绪论 ………… 1

第 2 章　进气环境对燃气轮机的影响和损伤 ………… 3

2.1　进气环境对燃气轮机的影响 ………… 3

2.2　进气环境对燃气轮机的损伤 ………… 9

第 3 章　燃气轮机进气过滤系统基本原理 ………… 18

3.1　一般进气过滤系统结构 ………… 18

3.2　过滤机理 ………… 21

3.3　过滤效率 ………… 23

3.4　过滤器的压力损失 ………… 27

3.5　过滤器的容尘量 ………… 28

3.6　过滤器的面速度 ………… 29

3.7　过滤器的分类和选择 ………… 31

第 4 章　燃气轮机过滤器性能测试 ………… 44

4.1　气动性能测试 ………… 44

4.2　除水性能试验 ………… 47

4.3　除沙性能试验 ………… 48

4.4　除微性能试验 ………… 48

第 5 章　燃气轮机进气过滤系统的应用 ………… 67

5.1　燃气轮机进气环境分析 ………… 67

5.2　过滤系统不同环境下的应用 ………… 76

5.3　过滤系统的施工、安装及维护 ………… 82

参考文献 ………… 92

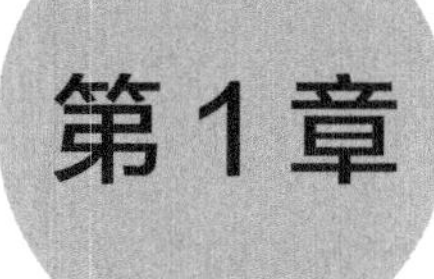

绪　论

燃气轮机进气过滤系统的作用是清洁燃气轮机的入口空气，其安装位置示意图如图 1-1 所示。本书提供了关于燃气轮机进气过滤系统选型、操作、维护和测试的相关信息，这些信息适用于任何形式的燃气轮机进气过滤系统，如海上油气生产操作中的燃气轮机的进气过滤系统。本书分别讨论了过滤的目的、过滤的作用及过滤不良引起的燃气轮机损伤，基于实际工况的过滤系统的选型，过滤系统的类型、特征、操作、维护和测试。

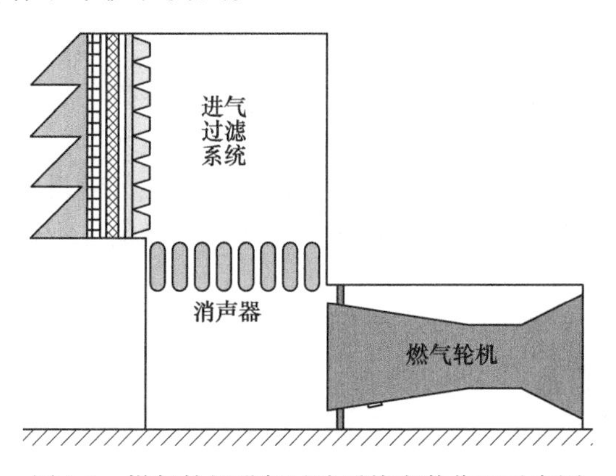

图 1-1　燃气轮机进气过滤系统安装位置示意图

关于燃气轮机进气过滤系统的基本原理，不同类型的过滤器其过滤机理有所差异，本书主要讲解了 7 种最基本的过滤机理，包括惯性撞击、扩散、拦截、筛分、黏性撞击、静电过滤、沉降。

惯性撞击适用于滤除直径大于 1μm 的杂质，在高速过滤系统中，采用惯性撞击的过滤器非常有效。

扩散适用于滤除低速气流中粒径小于 0.5μm 的颗粒，由于气体分子热运动对颗粒的碰撞而产生颗粒的布朗运动，越小的颗粒效果越显著，直径越小、流速越低的颗粒越容易被捕获。

拦截适用于滤除中等尺寸的颗粒，进入过滤介质的尘埃有较多撞击介质的机会，撞上介质就会被粘住。

筛分适用于颗粒流经孔径小于粒径的滤网时被捕获，其原理是利用滤料纤维之间的间距小于颗粒物的直径来筛去大颗粒物。

黏性撞击适用于滤除中等尺寸和大尺寸颗粒，这类过滤器的滤网上涂有黏性油，从而形成一层黏性油膜。气流通过滤网时不断改变运动方向，颗粒在惯性力的作用下偏离气流方向并撞击到滤网上而被粘住，从而被捕获。空气流道越曲折，被捕获的颗粒越多。

静电过滤适用于滤除直径在 0.01~10μm 的颗粒，滤料纤维带有微弱的静电，气流中的颗粒在靠近滤料纤维时受静电吸引被捕获。

沉降机理适用于分离较大粒径的颗粒，颗粒因自身重力，在流动过程中逐渐下落而从气流中分离。

本书全面总结了进气过滤系统在不同环境中受到的不同影响和过滤不良可能产生的典型损失，并提出了相应的解决方法。同时，本书说明了燃气轮机进气过滤系统的基本原理，对不同类型的过滤器进行了分类。接着，本书编者对过滤器的性能进行了测试，分别根据美国标准 ASHRAE 52.2：2007、欧洲标准 EN 779：2002 和 EN 1822：2009 制作了相应的试验台并得出了试验结果。最后，结合实际情况，说明了在不同环境中燃气轮机在安装、使用过程中可能遇到的问题，并提出了适当的建议与参考意见。

早期，在购置和设计沿海和海洋操作环境中的燃气轮机进气过滤系统的过程中形成了一些技术文件，这些文件记录了其中所涉及的详细信息。本书则是在汇总这些技术文件的基础上编写的。

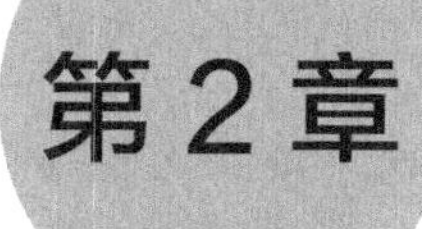

进气环境对燃气轮机的影响和损伤

燃气轮机在操作过程中需要吸入大量空气，例如一台 22065kW 的太阳能发电燃气轮机（型号为 Titan 50）的排气量为 247.9m^3/s。假设入口质量流量比排气质量流量小 2%，入口气体温度为 21.1℃，入口气压力为 101325Pa，则入口气体的实际体积流量为 1988.4m^3/min。即使在相对清洁的环境中，燃气轮机每年也会吸入大量不同尺寸的杂质颗粒，空气中的杂质颗粒粒径分布如图 2-1 所示。假设一台燃气轮机的入口空气质量流量为 240.6m^3/s，空气中的杂质颗粒浓度为 1290μg/m^3，则这台燃气轮机一天所吸入的杂质颗粒质量相当于 26.8kg。世界上不同地区的空气中含有不同种类的杂质颗粒，这些杂质会对燃气轮机零部件的可靠性、寿命及检修时间造成不同程度的影响。并且，燃气轮机越先进，对入口空气的质量要求越高。因此，对入口空气进行过滤可以有效地降低杂质对燃气轮机工作性能的不利影响，不同的燃气轮机进气过滤系统能够清除空气中不同类型的杂质，燃气轮机进气过滤系统的基本作用是提供能够满足燃气轮机操作要求的清洁空气，并且要尽量降低过滤过程对自身性能的不利影响。

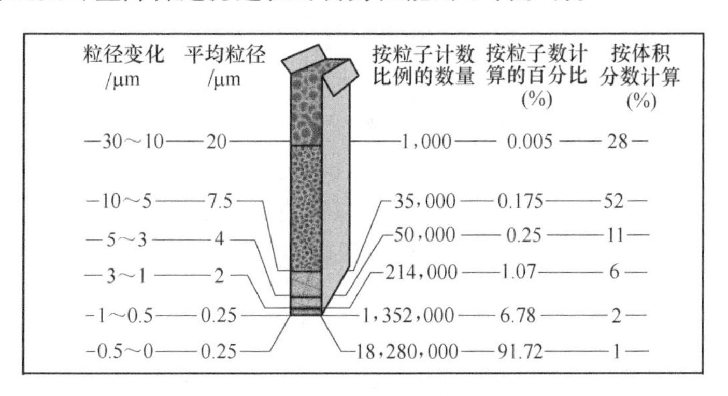

图 2-1　空气中的杂质颗粒粒径分布

2.1　进气环境对燃气轮机的影响

2.1.1　进气空气中的盐分对燃气轮机的影响

盐分会直接影响燃气轮机的寿命。沉积在压缩机叶片上的盐分会形成积垢并降低压缩机的气体动力学性能。可用水冲洗和机械刮除的方法来清除压缩机叶片上的盐分。燃气轮机厂家建议燃气轮机入口空气中的盐分含量不能高于0.01ppm（质量分数）。沿海地区空气中的盐分含量一般在0.05~0.5ppm（质量分数），因此，如果过滤系统不能很好地滤除空气中的盐分，那么这些盐分会进入燃气轮机，影响燃气轮机的性能。沿海地区空气中的盐分主要有两大来源：海水（氯化钠、氯化镁和硫酸钙）和废气（SO_x 和 NO_x），除此之外，也可能来自附近的干盐床。但沿海空气中的盐分最主要的来源是海水蒸发。空气中能够容纳一定量的水蒸气，并且水蒸气的容量随温度的变化而改变，气温越高，空气中所能容纳的水蒸气越多，反之，越少。当气温低到不能容纳原先所含有的水蒸气时，过剩的水蒸气便凝结成小水滴。沿海地区空气中含有大量随海水蒸发的盐分，溶于小水滴中便形成了浓度很高的盐雾。

对于在陆地上使用的过滤系统，干空气中的盐分可采用常规方法滤除，例如使用高效过滤纤维过滤器。滤除溶解在湿空气中的盐分则要复杂得多。湿空气中的水通常会以两种形式存在：水滴和水蒸气。凝聚脱水过滤器能够有效地滤除湿空气中直径大于5μm的水滴。凝聚脱水过滤器的过滤效率取决于过滤速度，未被滤除的水滴则需用高效过滤器来滤除。虽然很多高效过滤器能有效地滤除空气中的水滴，但并不是所有的过滤器都有这个能力。盐分会溶解在任何进入燃气轮机的水滴中，因此在沿海这种潮湿且盐分含量很高的环境中，应采用能够最大限度地滤除水滴的过滤器。任何气体状态的水分或水蒸气都会穿过过滤系统进入燃气轮机，并且任何被这些水分溶解的盐分在凝结后也会进入燃气轮机。然而，采用机械过滤的方法并不能滤除空气中的水蒸气。

高效纤维束过滤器是一种结构先进、性能优良的压力式纤维过滤设备，是根据流体力学原理经过多年实践研制的新型节能水净化器，它采用了一种新型的束状软填料纤维作为滤料，该滤料具有高弹性、空隙可变、耐磨损、耐蚀等特点，其滤料直径可达几十微米甚至几微米，并具有比表面积大、过滤阻力小等优点，解决了粒状滤料的过滤精度受滤料粒径限制等问题。

2.1.2 进气空气的温度对燃气轮机的影响

低温会导致空气中的水蒸气在压缩机入口、空气导向叶片和压缩机内部初级叶片上凝结成水滴或凝结成冰。冰层会引起燃气轮机性能下降，严重时会引起故障。如果冰块损坏了燃气轮机的零部件，那么这些被损坏的部件会随着气流进入压缩机内部，从而引起外物损伤。抽气加热可以有效提高进气湿空气温度和降低相对湿度。作为一种主动干预进气空气参数的方法，进气加热是解决燃气轮机进气系统湿堵问题的有效手段之一。随着大气温度升高，压气机功耗增加，在燃气轮机输出功率降低的同时，燃气轮机热效率随之降低，热耗增加，环境温度每升高 1℃，热耗将增加 0.2%~0.3%。燃气轮机热耗随着压气机进气温度的升高而升高，尤其是在高气温情况下更为明显。总体而言，分负荷工况燃气轮机进气温度升高，燃气轮机效率升高，且在进气温度较低时燃气轮机进气温度与燃气轮机效率呈近似线性关系，而在进气温度较高时呈非线性关系。

随着进气温度的逐渐升高，燃烧室内的温度水平与燃烧室出口的温度都逐渐升高，且其增加幅度与进气温度的增加幅度相当，使得燃气的密度逐渐下降，燃烧室出口的体积流量逐渐增大，高温燃气流出燃烧室的速度不断提高。燃烧室出口处的 CO 排放量逐渐降低，且排放总量极低。NO_x 产生的最关键的因素是温度的高低，NO_x 的排放总量及浓度随着进气温度的升高而逐渐增加，温度越高 NO_x 的生成量越多。燃烧室出口的 NO_x 浓度也明显增加，且随着进口温度的升高，NO_x 浓度的增加速度明显加快。

2.1.3　进气空气的湿度对燃气轮机的影响

许多燃气轮机会在雨林或海岸这类潮湿环境中运行，这就要求相应的过滤系统也能够在潮湿环境中运行。然而，大多数过滤器在设计时并没有考虑潮湿环境，因此，当这类过滤器在潮湿环境中运行时，性能较之前会有明显的不同。空气中极少的湿气都会引起很大的压力损失。这种现象在用纤维素制成的过滤纤维中非常普遍，因为纤维素在潮湿环境中会膨胀，并且空气中的湿气会被纤维素吸收而存储在过滤器中，这会引起过滤器长时间内的压力损失增加。

晨雾也会增加空气中的水分，从而使进入过滤器的水分增加。实际操作经验表明，晨雾发生时，过滤器的压力损失增加，并且在晨雾消失的数小时内，压力损失仍然不能恢复。如果在燃气轮机的运行环境中晨雾发生的频率比较高，则空气中夹带的水分就会增加，那么可以用凝聚脱水过滤器来去除空气中的水分。选择合适的过滤纤维也可以使过滤器在潮湿环境中运行。除此之外，应考虑潮湿环境对过滤器和燃气轮机性能的不利影响。

根据分析可以得出，湿度对燃气轮机稳态、动态特性有一定的影响，但影响都不是很大，结论如下：

1）湿度使得燃气轮机输出功率有所下降，如图 2-2 所示。究其原因，主要有两个方面：①混有水蒸气的湿空气比干空气的气体常数和比热容大，使得燃烧室的出口气流速度增大，导致燃气轮机的输出功率增大；②当混入湿空气的湿度增加时含湿量也随之增加，其密度下降，通过燃烧室中的空气流量减少，相对湿度越大时参加燃烧的空气量相对减少得就越多，向燃烧室喷入的燃油量也相对减少得多，从而导致机组的功率下降。由仿真分析可知，湿度对燃气轮机功率输出在第②方面影响较第①方面的大。

2）如图 2-3 所示，当考虑湿度时，燃烧室排气温度也有所下降，而且湿度

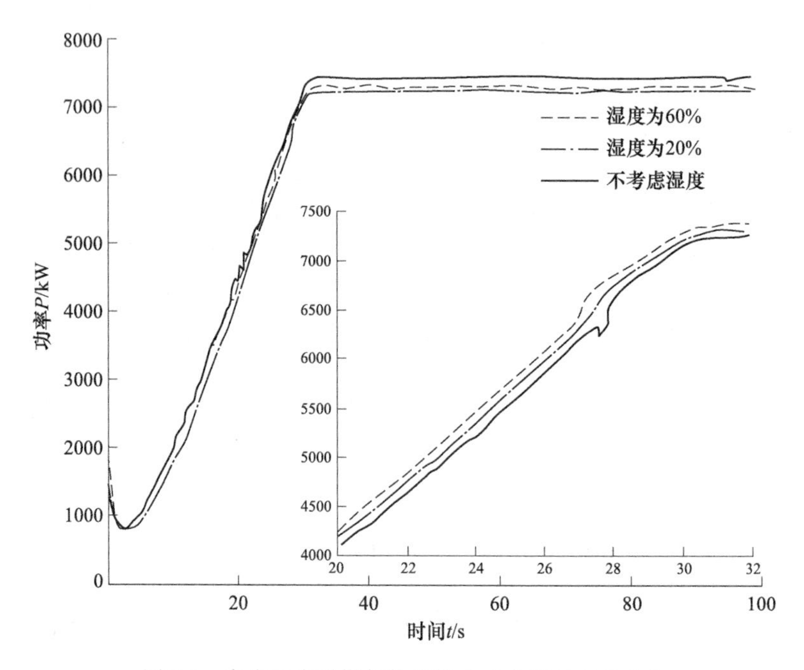

图 2-2　考虑湿度时燃气轮机输出功率随时间的变化

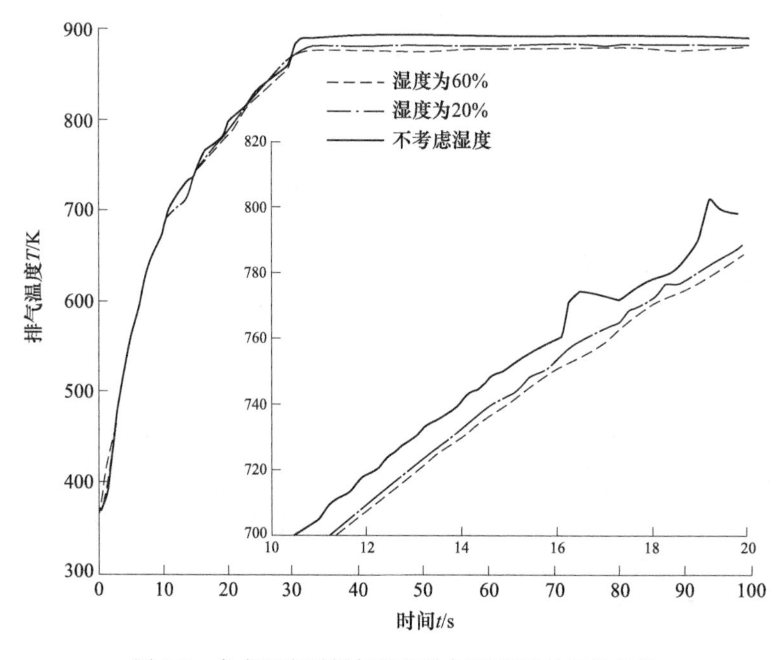

图 2-3　考虑湿度时燃气轮机排气温度随时间的变化

越大燃烧室排气温度下降程度也越大。究其原因，主要有两个方面：①考虑湿度后流过燃烧室中的湿空气比干空气的比热容大，计算燃烧室温升模型中分母的值增大，从而导致燃烧室排气温度下降；②由于随着湿度的增大流过燃烧室工质中的水蒸气也随之增加，而水在蒸发时具有吸热作用，也导致了燃烧室出口温度的降低。湿度越大，水蒸气含量越多，吸热也越多，这样就导致了湿度越大时燃烧室出口温度下降值也越大。

3）如图 2-4 与图 2-5 所示，当湿度变化后，湿度对燃气轮机的压气机出口压力和压气机转速影响较小，几乎可以忽略不计。

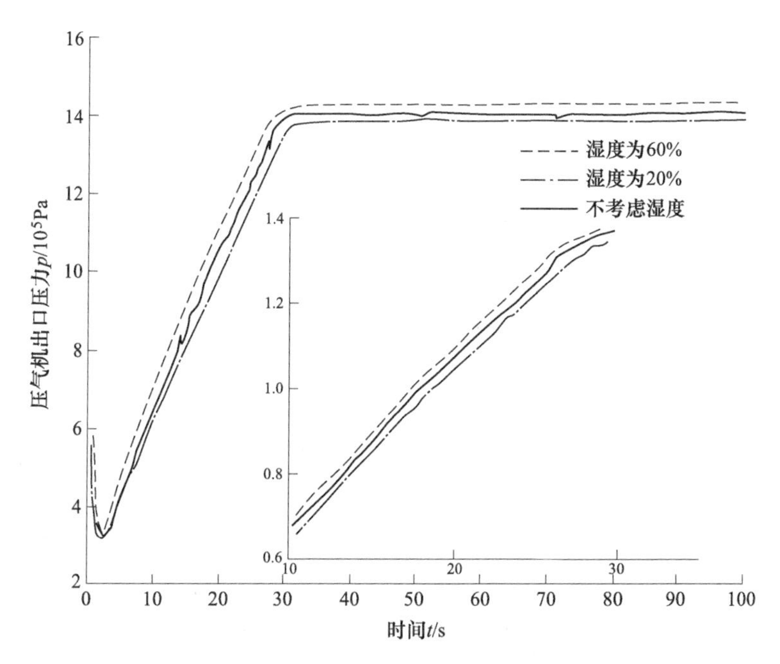

图 2-4　考虑湿度时压气机出口压力随时间的变化

4）如图 2-6 所示，当湿度增加后，燃气轮机的效率会随之有所增加。

2.1.4　进气空气的压力损失对燃气轮机的影响

各工况进排气总压的增大均会导致动力涡轮比功和输出功率损失量的增大，但由于进气压力损失既影响进气压力恢复系数，还影响进气量本身，因此同等压力损失条件下进气压力损失对燃气轮机性能的影响比排气压力损失要大。工况不同则工质热物理性质有较大差异，进、排气压力损失在不同工况下对燃气轮机性能的影响也明显不同，低工况下燃气轮机性能对进、排气压力损失的敏感度比高工况时要高。因此，保持进、排气道的清洁畅通，定期检查并清除污垢和腐蚀层

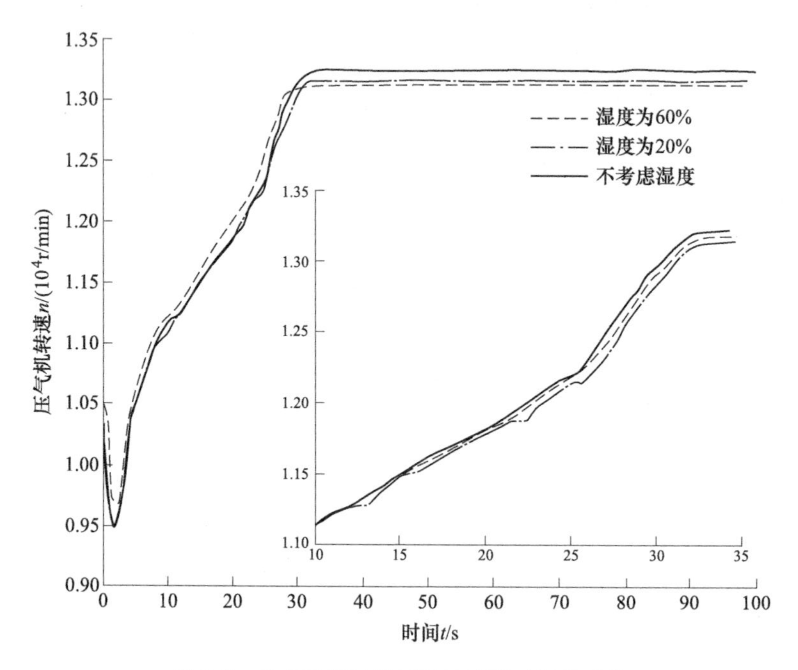

图 2-5　考虑湿度时压气机转速随时间的变化

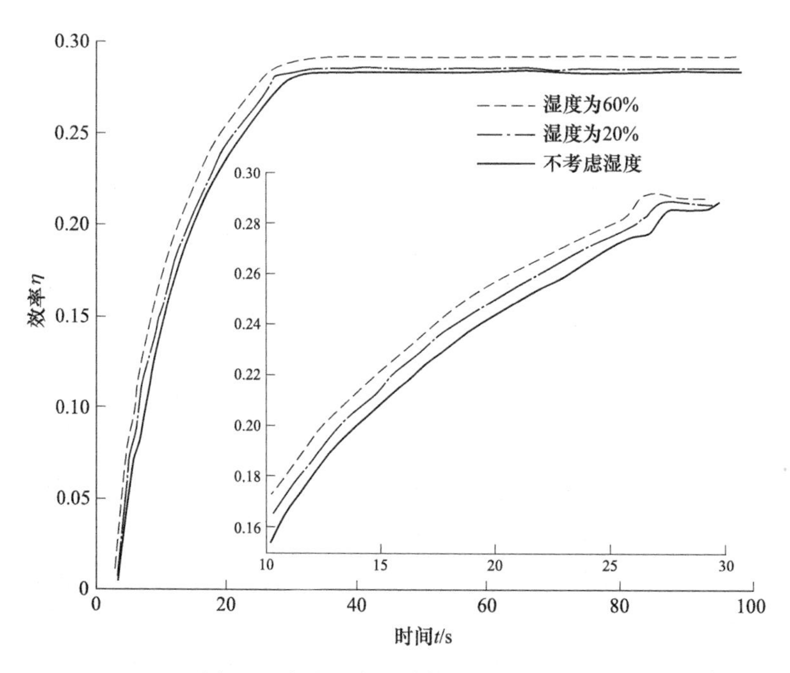

图 2-6　考虑湿度时效率随时间的变化

对于保证燃气轮机输出功率和经济性有着重要的意义。

燃气轮机空气过滤器的功能和作用是过滤掉空气中的灰尘等微粒，让干净的空气从进气系统进入燃气轮机，保证燃气轮机安全可靠地运行。如果空气过滤器质量不好而造成堵塞，就会减少燃气轮机的进气量，降低燃气轮机的输出功率和热效率。

过滤器的压力损失会随着过滤效率的提高而增加，并且过滤器的压力损失可直接影响燃气轮机性能。燃气轮机入口空气的压力降低会使燃气轮机的能耗量增加，输出效率降低。图 2-7 所示为过滤器的压力损失对燃气轮机输出功率和热耗率的影响。从图中可以看出，随着压力损失的增大，输出功率降低，热耗率增大。一般情况下，过滤器的压力损失值每降低 50Pa，燃气轮机的输出功率可提升 0.1%。过滤器的压力损失一般在 500~1500Pa。

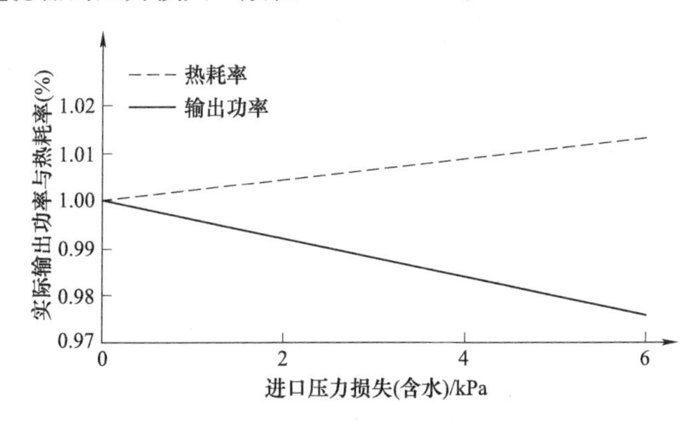

图 2-7 过滤器的压力损失对燃气轮机输出功率和热耗率的影响

2.2 进气环境对燃气轮机的损伤

为了更好地理解燃气轮机进气过滤系统的重要性，首先要知道过滤不良引起的燃气轮机损伤。过滤不良引起的燃气轮机损伤取决于吸入杂质的粒径分布和成分。6 种常见的损伤包括：外物损伤、冲蚀、积垢、冷却通道阻塞、颗粒熔合和腐蚀。

2.2.1 外物损伤

随燃气轮机进气气流吸入的外来颗粒对燃气轮机叶片等零部件造成的损伤称为外物损伤（Foreign Object Damage，FOD），如图 2-8 所示。

不合格的过滤器、过滤系统、管道、消声器和其他零部件都可能会引起外物损伤。采用筛网拦截的方法可以有效阻止较大体积外物进入燃气轮机的风扇或压

图 2-8　外物损伤

缩机内，这不仅可以防止外物对压缩机造成严重的损伤，而且能够阻止外物进入下游空气流道。外物损伤一般发生在燃气轮机压缩机的进气过程和压气过程，因此，通常需要将拦截外物的筛网安装在过滤系统的上游。空气经过筛网之后的压力损失取决于筛网的安装位置及筛孔尺寸。

外物损伤会在冲击位置造成宏观的损伤缺口，并伴随有微观损伤和残余应力，导致燃气轮机发动机叶片疲劳强度降低，给燃气轮机的性能和结构安全带来危害。外物损伤会影响叶片的结构强度，诱发叶片在工作载荷作用下发生疲劳破坏。这是由于外物损伤的影响会使受损区域的疲劳强度降低，叶片在工作时承受的高频振动载荷可能会促使损伤区域萌生疲劳裂纹并发生裂纹扩展，最终导致叶片疲劳破坏，威胁燃气轮机发动机正常工作安全。外物损伤对叶片疲劳强度的影响不仅包括在损伤区域造成缺口、凹坑、鼓包或者撕裂而产生的应力集中，还包括损伤区域的残余应力及微观损伤的影响。

受损叶片若未能及时发现、修复，则叶片在工作时承受高频载荷容易产生疲劳裂纹、发生裂纹扩展，并且最终导致叶片发生疲劳失效断裂，有鉴于此，必须采取一系列措施进行防护，如燃气轮机进气口处外物清理、燃气轮机发动机叶片的定期检修等。

2.2.2　冲蚀

燃气轮机进气气流中携带的 5~10μm 或更大直径的硬质颗粒会严重划伤空气流道的金属表面，这种形式的物理损伤称为冲蚀。图 2-9 所示为空气中会引起冲蚀损伤和积垢损伤的颗粒粒径分布。沙是最常见的引起冲蚀的空气杂质。这些质地硬、粒径小的沙子在空气流的带动下反复撞击燃气轮机的叶片和定子表面，造成这些部件表面金属剥落，严重时甚至会改变零部件的表面形貌。这些沙子会对燃气轮机的高压精密零部件造成二次损伤，因为冲蚀不仅使燃气轮机内部零部件表面粗糙度值增大，从而引起装配间隙增大，还会减小这些安全裕量较小的高压精密部件的承压面积，降低其承载能力，引起安全故障。另外，燃气轮机叶片形状的改变还会引起应力集中，导致燃气轮机叶片疲劳强度降低，并进一步造成高周疲劳失效。因此，冲蚀不仅会降低燃气轮机的效率，而且会使燃气轮机部件承受超过许用值的应力，引起安全故障。

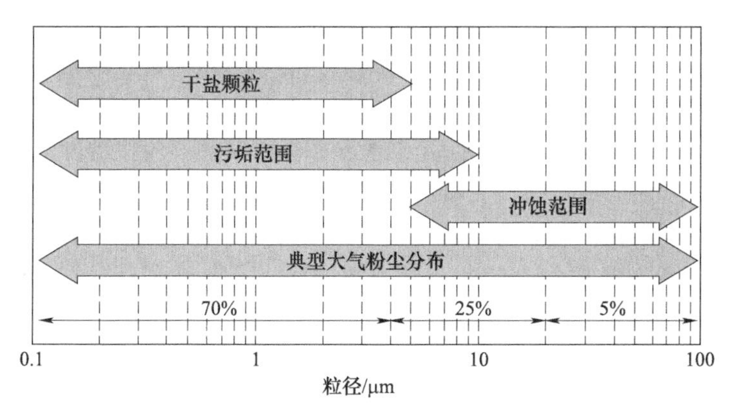

图 2-9　空气中会引起冲蚀损伤和积垢损伤的颗粒粒径分布

杂质颗粒随进气气流进入过滤器后，大部分颗粒在过滤器第 1 个弯折角及弯钩形疏水槽处撞击壁面后被拦截或返回主气流，因此，该区域最易发生冲蚀磨损。最易冲蚀位置与过滤器结构参数及操作参数无关，这是因为可以通过改变局部区域材料耐磨性能来提高过滤器的耐冲蚀能力。

在颗粒质量流量及粒径一定的情况下，冲蚀速度与入口空气流速的二次方成正比；在一定空气流速下，对于等粒径杂质颗粒，冲蚀速度随着颗粒质量流量线性增加；粒径对冲蚀速度的影响较为复杂，在空气流速和颗粒质量流量一定时，冲蚀速度随着粒径的增加而急剧下降，但当颗粒粒径大于 200μm 时，粒径对冲蚀速度影响变小。

冲蚀损伤是不可逆的，更换叶片是消除故障的唯一方法。粒径大于 5μm 的颗粒是引起冲蚀损伤的主要杂质，采用市场上现有的普通过滤器就可以有效地将这些杂质清除。另外，为了有效地降低冲蚀损伤，在沙漠这类大颗粒浓度较高的环境中可采用自清洗过滤器，在过滤速度要求较高的环境中可采用惯性过滤器。图 2-10 所示为一种常见的涡轮叶片前缘冲蚀损伤。

图 2-10　一种常见的涡轮叶片前缘冲蚀损伤

2.2.3 积垢

经初级过滤后，空气中所含杂质的粒径及硬度都会逐渐减小，过滤不良引起的燃气轮机损伤由冲蚀变为积垢。积垢是随进气气流进入燃气轮机内部的杂质在燃气轮机腔体和低速空气通道内的沉积。除空气所携带的杂质外，油雾、水滴、盐分及其他黏性杂质也会单独或者同时黏附在压缩机叶片和涡轮叶片冷却通道表面。积垢不仅会改变零部件之间的配合间隙，破坏转动平衡，堵塞气流通道，也会降低转子和定子表面的光洁程度。积垢损伤往往是可逆的，采用在线、离线及机械清洗的方法可清除这些积垢。定期清除积垢可使燃气轮机的性能恢复到初始状态，否则，积垢会造成燃气轮机性能降低。清除积垢的过程中燃气轮机的输出会受影响，甚至需要停车。随着运行时间的延长，定期清除积垢对燃气轮机性能的恢复效果如图 2-11 所示。

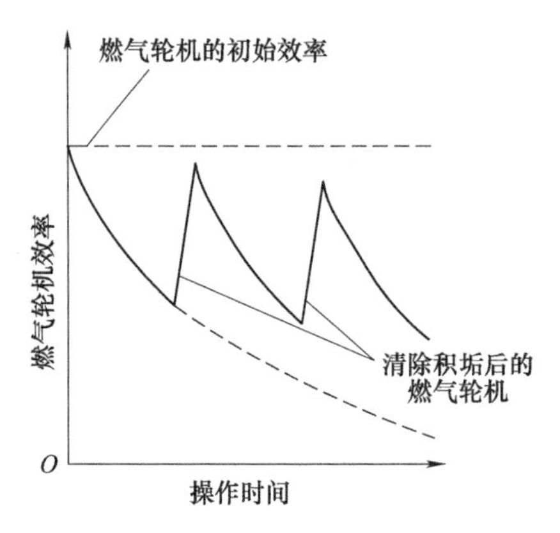

图 2-11　定期清除积垢对燃气轮机性能的恢复效果

粒径低于 1μm 的硬质颗粒可用过滤器滤除，但对于油雾和水滴这类微小杂质，需要特殊的过滤系统才能够将油雾和水滴从气流中清除。合理规划过滤系统的进气口朝向也可防止这类杂质进入过滤系统。例如，在临近排气烟囱的场地，过滤系统的进气口应朝向不吸入或者少吸入烟囱废气的方向。图 2-12 所示为压缩机叶片积垢损伤。结垢显然会降低机组输出功率，但现有的研究并没有一种确定的方法来量化这种损失。

导致燃气轮机性能退化的原因有压气机积垢，由于磨损和侵蚀造成的叶尖间隙增加和迷宫式密封损坏，外物损伤，热端部件损坏、腐蚀等。其中，压气机积垢是导致燃气轮机性能退化最常见的原因，而且压气机积垢引起的退化为软退化，有连续的退化轨迹，有实现积垢程度预测的可行性。研究结果表明，积垢问题与压气机的几何形状、流动特性及进口流量速度密切相关；颗粒物的大小是影

a) 碳

b) 燃油

图 2-12　压缩机叶片积垢损伤

响积垢程度的重要因素。

压气机积垢会使燃气轮机性能下降，相同输出功率下，燃油消耗增加，燃气轮机经济性降低，热端部件承受的温度升高，热端部件使用寿命降低，同时，燃油消耗的增加会使燃气轮机排放到空气中的废气增加。能源与环境问题是当代人类生存发展面临最主要的问题，燃气轮机经济、高效、安全、可靠的运行有重要的现实意义。

压气机积垢是可恢复的性能退化，可以通过正确的操作和维护程序来减少积垢造成的损失。在线压气机清洗系统可以在出现明显积垢之前清洗压气机来保持压气机的效率；离线压气机清洗系统用来清洗积垢严重的压气机。其他措施还包括进气过滤系统和进气蒸发冷却器维护、定期检查、及时清理叶片表面等。

2.2.4　冷却通道阻塞

冷却通道阻塞损伤是积垢损伤的一种特殊形式。当今的大功率、高性能燃气轮机往往需要专门的空气冷却系统来冷却涡轮的转子和定子中的关键部件。低温冷却介质流经燃气轮机内部通道并带走热量，从而保证部件的操作温度维持在许用范围内，对于这类燃气轮机，更需要避免冷却通道阻塞故障的发生。一旦冷却通道被沉积颗粒阻塞，冷却系统的冷却效率会大大降低，甚至丧失冷却功能，这会造成部件过热，从而导致燃气轮机故障。煤粉、水泥和粉煤灰是最容易引起冷却通道阻塞的杂质，这些沉积的微小粉尘会被压实成大体积固体颗粒，从而阻塞冷却通道。

常见的燃气轮机进气冷却装置可分为五类，包括蒸发冷却器、间接机械制冷系统、直接机械制冷系统、带冷冻水储存的机械制冷系统和吸收式制冷机进气冷却系统。在涡轮叶片的内部，冷却气的流量和温度也会随着冷却通道的状态而变化，当冷却通道阻塞，每经过一个气膜孔，冷却气的流量都会减少，每经过一段冷却通道，冷却气都会从壁面吸收热量，从而使其温度升高。

2.2.5 颗粒熔合

如果燃气轮机燃烧室和涡轮的操作温度超过积垢的熔化温度，积垢就会熔化。熔化后的积垢会熔合在燃烧室和涡轮叶片表面，从而改变这些零部件的表面形貌甚至阻塞冷却通道，并进一步引起热疲劳损伤。这种损伤在配有高温燃烧室和高温涡轮的发动机中很普遍。

2.2.6 腐蚀

如果进入燃气轮机内部的杂质会发生化学反应，特别是能和燃气轮机零部件的金属材料发生反应，则会引起腐蚀损伤。腐蚀损伤可以分为冷腐蚀和热腐蚀。由盐、酸、蒸汽、氯气、硫化气或者氧气等腐蚀性气体的湿式沉降引起的腐蚀称为冷腐蚀。腐蚀会使零部件表面金属材料流失，从而降低这些零部件的表面性能。

局部区域腐蚀称为点蚀，如图 2-13 所示。点蚀是一种被限制于局部的腐蚀机理，它导致在金属表面上形成小而深的孔眼，这些孔眼常常不易被察觉，点蚀可能会导致意想不到的故障，非常值得人们注意。经常在燃气轮机压气机叶片上发现由于传导性杂质（如盐水）侵入金属表面造成的点蚀。这是由于在长期的停机过程中工作后的叶片表面上形成的凝水，溶解了叶片上盐的沉积物，然后进入微小的表面裂纹激发点蚀过程发生。为了防止压气机叶片的点蚀，应该使用防腐蚀的叶片涂层，在轴流压气机延长停机期间以前应彻底地用水清洗压气机进气过滤系统，使盐的侵入减到最小。腐蚀会在存在裂纹和材料缺陷的区域向零部件内部扩展，从而加速其他类型损伤的发生。腐蚀损伤和冲蚀损伤非常相似，同样

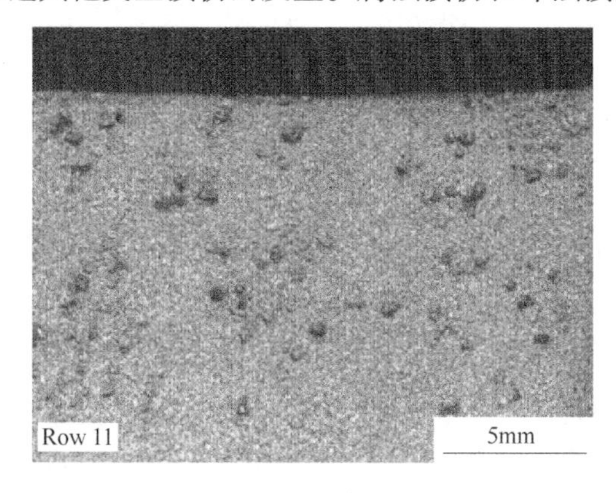

图 2-13　点蚀

是不可逆的，因此只能通过更换部件来修复燃气轮机。

热腐蚀通常发生在燃气轮机的涡轮部分，因为这部分零部件不仅会接触进气气流中所携带的杂质，还会接触注入的水和油中所携带的杂质，包括钠、钾、钒和铅等金属，并且这些杂质往往很难被滤除。在燃烧过程中这些金属杂质会和硫及氧发生反应，反应产物沉积在燃烧室的衬里、喷嘴、涡轮叶片和其他部件表面，这加速了这些部件表面原有氧化膜的氧化。氧化是部件材料和氧气在高温下发生的化学反应，热腐蚀是燃气轮机部件材料与沉积在其表面的熔盐之间的加速氧化反应。热腐蚀的腐蚀速度很难预测，因为热腐蚀过程涉及很多复杂的化学反应，腐蚀程度也会随着气流中杂质浓度的增加而加重。

热腐蚀的腐蚀机理和腐蚀速度受温度的影响很大。一般情况下，涡轮叶片上存在温度梯度，涡轮叶片根部温度低于叶片本身，因此，叶片根部的热腐蚀损伤机理和叶片本身的热腐蚀损伤机理不同，点蚀造成的损坏如图 2-14 所示。为燃气轮机中的高温部件选择合适的合金材料，用涂层保护零部件表面，在一定程度上可以减轻热腐蚀，但过滤才是避免热腐蚀损伤发生的最佳途径。为防止热腐蚀发生，经过滤系统过滤后的燃气轮机入口空气中钠和钾的含量应分别低于 0.01ppm（质量分数）。

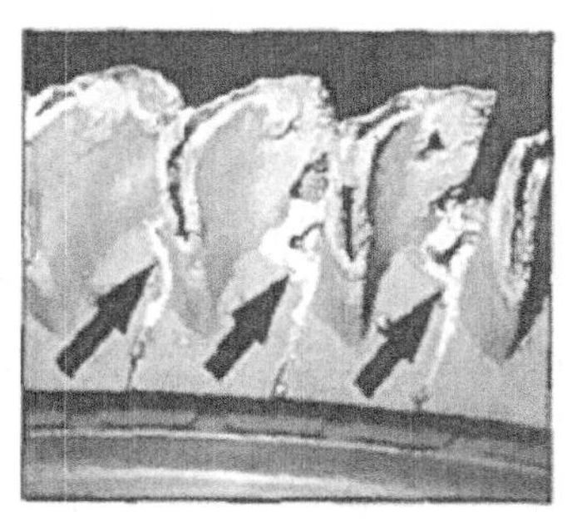

a) 涡轮叶片故障

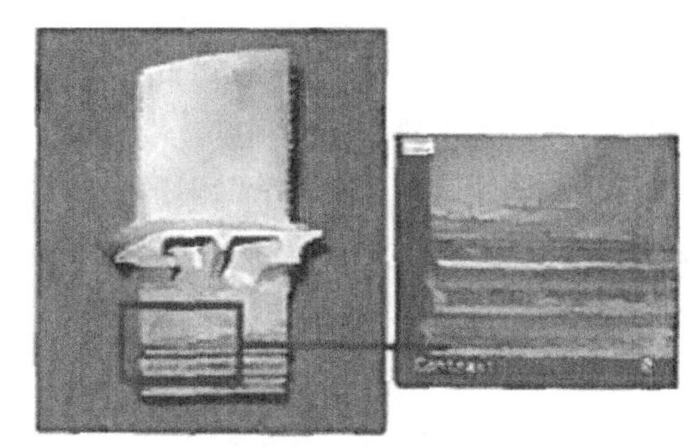

b) 涡轮叶片失效的根源

图 2-14 点蚀造成的损坏

就热腐蚀的过程来说，一般认为燃油中含有的 S 元素在高温介质中被氧化，与燃气中的 NaCl 发生反应，生成了 Na_2SO_4。在一定的温度范围内，这些 Na_2SO_4 呈熔融状态溶解于叶片表面，破坏叶片表面的保护性氧化层，随后进一步加速对里层金属的氧化，并形成硫化物，加剧了叶片基体合金的腐蚀，使金属的性能迅速下降，涡轮叶片的热腐蚀现象如图 2-15 所示。

图 2-15 所示为两个涡轮叶片的热腐蚀现象。图 2-15a 所示为 Avon 工业燃气轮机一级涡轮叶片（Nimonic118 合金）服役 1900h 后的热腐蚀现象。涡轮叶片表面出现了腐蚀、氧化或者其他形式的损伤。由于使用的是 Nimonic118 合金，该

合金通常具有较好的耐高温和耐蚀性能，但在高温和恶劣环境下，仍然可能发生热腐蚀现象。图 2-15b 所示为 Dart 航空发动机一级涡轮叶片（Nimonic105 合金）经 4113h 服役后的热腐蚀的金相组织，通过显微镜观察，使用 Nimonic105 合金的叶片显示出不同于未腐蚀叶片的金相特征，因涡轮叶片经历了热腐蚀，导致金相组织发生变化。

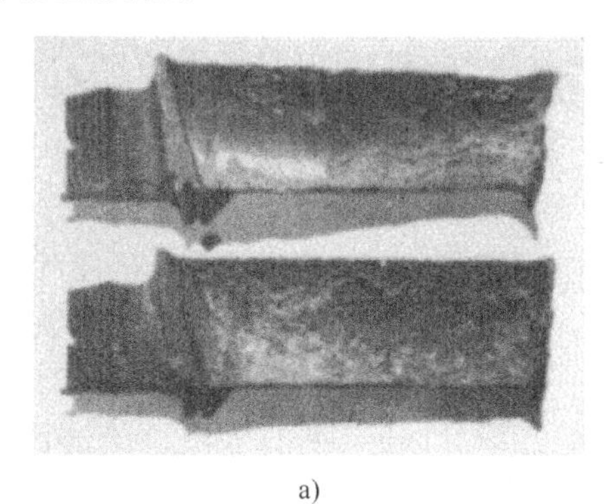

a)

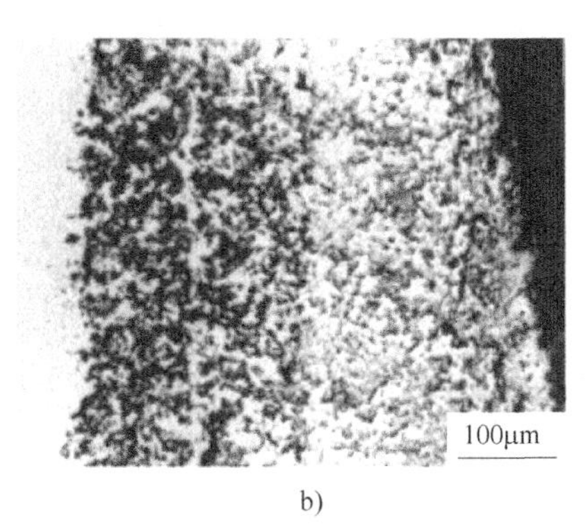

b)

图 2-15　涡轮叶片的热腐蚀现象

涡轮叶片热腐蚀的影响因素如下：

1）叶片表面温度。大量的试验和实践证明，叶片表面温度是影响热腐蚀的重要因素。根据发生热腐蚀的温度范围，可将热腐蚀分为高温热腐蚀和中低温热腐蚀。高温热腐蚀是指 750~950℃时产生的热腐蚀，主要发生在涡轮叶片上；中低温热腐蚀是指发生在 650~750℃的热腐蚀，这种腐蚀通常只发生于高增压比压气机的最后几级。不同的材料有不同的热腐蚀温度范围，这是因为一方面各种合金材料的抗热腐蚀能力不同，另一方面是由腐蚀介质的特性所造成的。

2）叶片材料。燃气轮机的热腐蚀大部分发生在涡轮动叶上。由于涡轮动叶的工作要求，一般都采用镍基高温合金，以提高其铬含量，并可以增强合金的抗热腐蚀能力。镍基高温合金中铬的质量分数低于 15%时，其抗腐蚀能力较差，但超过 25%时，又会降低其高温强度，设计者必须加以综合考虑。

3）燃气中的盐含量。燃气中的盐含量对热腐蚀起加速作用。一般来说，盐含量越高，热腐蚀的速度越快，所以，某些国家规定燃烧空气中盐的质量分数不得超过 0.01×10^{-6}。研究表明，盐含量有可能存在一个范围，小于其下限时，热腐蚀一般不会发生；超过其上限时，腐蚀速度就不会再增加。

4）硫和钒。硫存在于燃油和海水中，它起促进腐蚀的作用。有研究表明，燃油中硫的质量分数为 0.04%~0.4%时，在钠盐含量相同的情况下，其腐蚀的差别不是很明显。当燃油遭到钒的污染时，在燃烧过程中，燃油中的钒与氧和钠（或钾）反应，生成一种类似于硫化钠的溶盐，沉积在涡轮前几级叶片上，使之产生热腐蚀。燃油中钒的质量分数一般要限制在 $0.2\times10^{-6}\sim0.5\times10^{-6}$ 范围内。

5）燃气流速。燃气流速越大，腐蚀越严重。

涡轮叶片热腐蚀的防护措施如下：

1）合理选材。在考虑加工水平、经济性及保证相关性能（抗氧化性能、力学性能和金相稳定性能等）的前提下，涡轮叶片尽量选用抗热腐蚀性能好的材料。镍基和钴基高温合金分别适用于涡轮的动叶和静叶，适当提高镍基和钴基高温合金的铬含量可以增强其抗热腐蚀的能力。在镍基高温合金中加入微量的铈、镨、镧和钕等稀土元素，可以减少合金有害元素（氧、氮、硫）的含量，还能提高合金表层氧化膜的稳定性，增强抗高温氧化及热腐蚀的性能。

2）采用进气净化装置。进气装置应具有净化进气的功能，以便在恶劣天气时减少进入燃气轮机气流通道的盐分，减轻热腐蚀。

3）采用热腐蚀防护涂层。在涡轮叶片表面施加防护涂层是隔绝燃气、防止热腐蚀发生的有效方法，也是目前得到广泛使用的方法。

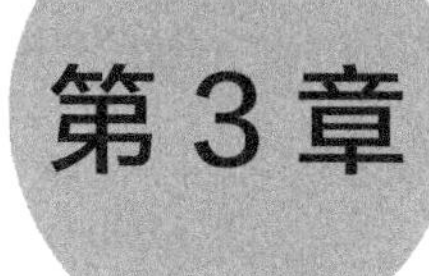

第3章

燃气轮机进气过滤系统基本原理

3.1 一般进气过滤系统结构

进气系统（图3-1）初始配置主要由雨棚、初级过滤器、末级过滤器、过渡段、弯头、检修通道、收灰系统、直管段、消声段和支承平台等结构组成。

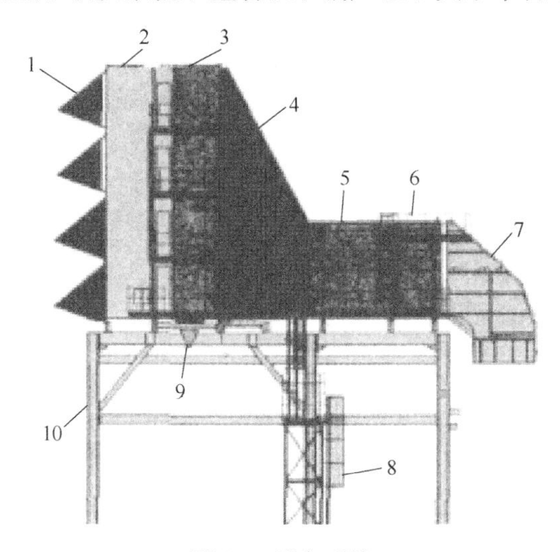

图3-1 进气系统

1—雨棚 2—初级过滤器 3—末级过滤器 4—过渡段 5—消声段 6—直管段 7—弯头 8—检修通道 9—收灰系统 10—支承平台

3.1.1 雨棚

雨棚的壳体由型钢骨架、不锈钢孔板及喷塑折型板组成，不锈钢孔板起到隔热支承的作用。雨棚中还安装有40kg/m^3 消声棉。雨棚可以防止雨水、雪、飞禽、空气中大的漂浮物进入进气系统。进气防雨雾筛网安装在雨棚进气侧，用于防止尺寸大的异物，如树枝、纸片、塑料袋等物体进入机组，同时，通过筛网中填充料的弯曲布置形式，在空气湿度较大时，对空气中的水蒸气有一定的凝结作用。

3.1.2　过滤模块

过滤系统设计为 2 级多层结构，第 1 级为防冻仓，由外至内依次由防柳絮网、防雨罩、防鸟网、除冰消声器、除湿百叶窗、反吹过滤系统构成。初级过滤器（或称粗滤）中装有滤前消声片、水雾分离器，用于进气系统的降噪和分离空气中的水滴，防冰冻系统也安装在此模块中。初级过滤器安装在走道与防雨罩之间，滤材为某进口品牌的 D-fog 产品，该 D-fog 产品设计为瓦楞状，主要的功能是去除湿气，在下雨天或湿度较大时，大的液滴通过进气防雨雾筛网去除，小的水滴打在第 2 级过滤上，通过惯性汇流至足够大，流至防雨雾筛网，进而去除可见的湿气。

第 2 级为过滤器仓，含粗滤网层和精过滤器层，其中粗滤网层共 755 块；精过滤器层为 2 个直筒组装式滤芯，滤芯原设计为 768 套，精过滤器装置带脉冲反吹过滤系统。压气机粗滤网层和精过滤器均分 4 层布置。进气过滤系统组成如图 3-2 所示。进气粗滤网单片设计尺寸为 560mm×500mm×50mm（长×宽×高），粗滤网设计初始压降为 80Pa，可对空气中 5μm 及以上粒径的灰尘进行过滤。

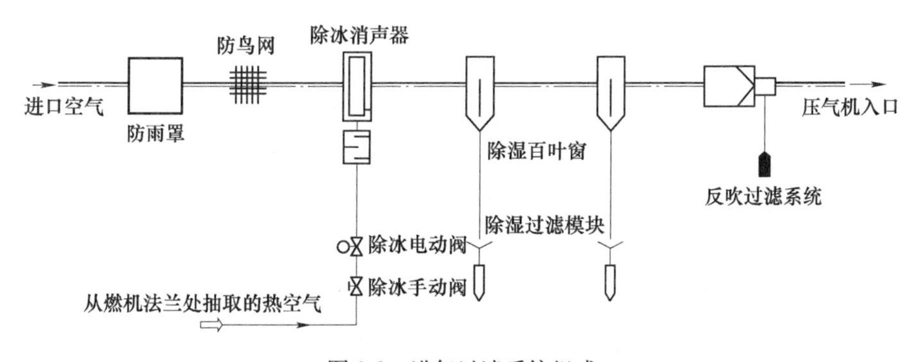

图 3-2　进气过滤系统组成

3.1.3　其他进气过滤系统模块

过渡段主要实现“大口变小口”的过程。消声段用于燃气轮机进气系统消声。直管段延续燃气轮机进气系统的消声段，稳定气流，保护检修人员的安全。弯头用于改变空气的流动方向，装有除湿器、温度传感器、流速传感器、压力传感器、膨胀节等。

3.1.4　进气过滤系统运行状况及改造

由于燃气轮机组的有效焓降较小，空气流量较大（如 GE 的 9FA 燃气轮机，空气流量为 605kg/s），在空气中或多或少地包含有各种无机物和有机物颗粒杂质，在燃气轮机通流部分会产生侵蚀（颗粒杂质冲刷）、积垢、腐蚀等不良作用。对于发电厂燃气轮机，灰尘颗粒对叶片的侵蚀是比较突出的问题，对机组的寿命影响很大。燃气轮机进气系统作为重要的辅助系统之一，通过过滤、除湿等措施提供满足燃气轮机需求的清洁空气，对保证燃气轮机的安全可靠工作起到了重要作用。空气品质、气候条件对滤芯寿命和压力差影响非常明显，特别是北方地区空气污染情况较为突出，北方发电厂的滤芯寿命周期普遍低于设计更换周期，每年都要对滤芯进行更换，甚至半年一换。同时，雨、雪、霾、空气湿度等均对进气滤压力差有着直接的影响。燃气轮机组运行中，精滤无法更换，承担保供暖任务的带供热机组（北方），不具备及时停机处理的条件，只能在进气滤压力差增大时维持低负荷运行，可采取的临时干预措施收效甚微，这在很大程度上影响了机组运行的安全性、稳定性、经济性，进气系统的改造迫在眉睫。

燃气轮机过滤系统除了定期更换，也需要定期进行清理，如图 3-3 所示。过滤器清洗步骤如下：

1）断电或关闭系统：在清洗之前，确保断开电源或关闭需要使用过滤器的系统，以防止意外伤害或破坏设备。

2）拆卸过滤器：根据制造商的说明或操作手册，将过滤器从系统中拆下来。这一过程可能涉及打开盖子、松开固定螺钉或拆卸其他连接部件。

3）去除大颗粒物：使用刷子、气压或水龙头等工具，轻轻清除过滤器上的大颗粒物和堆积物。不要对过滤器施加过大的压力，以免损坏过滤器。

4）清洗过滤器：根据过滤器类型，可以选择以下几种清洗方法：水洗，将过滤器浸泡在温水或清洁剂中，用软刷轻轻刷洗过滤器表面，然后用清水冲洗干净；气压清洗，使用压缩空气或气体吹洗过滤器，以去除附着在过滤媒介上的污物和颗粒物；干洗，使用特殊的干洗设备或方法，如振动清洗、电子清洗等，去

图 3-3　过滤器清洗

除过滤器上的污物。

5）干燥和组装：将清洗后的过滤器放置在通风处晾干，确保完全干燥后再重新安装到系统中。按照正确的顺序和位置重新安装过滤器，并确保固定螺钉或连接部件适当紧固。

3.2 过滤机理

不同类型过滤器的过滤机理不同，过滤机理与气流速度、过滤纤维尺寸、过滤介质填充密度、杂质粒径分布和静电电荷有关。同一过滤器中也可能采用多种过滤机理。下面介绍 7 种最基本的过滤机理。

（1）惯性撞击　惯性撞击适用于滤除直径大于 1μm 的杂质。充满各种尘埃的气流在高效空气过滤器的纤维层内穿过时，由于纤维排列复杂，所以气流流线要屡次激烈地拐弯。当颗粒质量较大或者速度（可以看成气流的速度）较大，在流线拐弯时，颗粒由于惯性来不及跟随流线同时绕过纤维，因而脱离流线向纤维靠近，并碰撞在纤维上而沉积下来，如果因惯性作用颗粒不是正面撞到纤维表面而是正好撞到拦截效应范围之内，则颗粒被截留就是靠拦截和惯性撞击这两种效应的共同作用。当气流中的颗粒绕过阻挡在气流前方的过滤纤维时，质量较大的颗粒受惯性影响会偏离气流方向，撞到过滤纤维上并被捕获，如图 3-4a 所示。在高速过滤系统中，采用惯性撞击的过滤器非常有效。

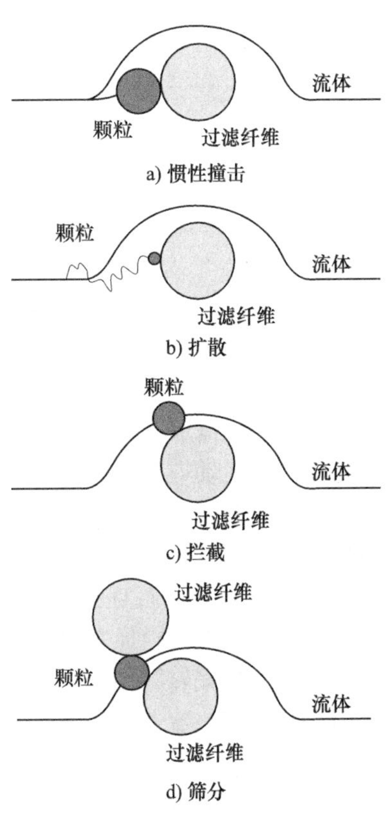

图 3-4　过滤机理

（2）扩散　扩散（图 3-4b）适用于滤除低速气流中粒径小于 0.5μm 的颗粒。由于气体分子热运动对颗粒的碰撞而产生颗粒的布朗运动，越小的颗粒效果越显著。在常温下颗粒的尺寸通常比过滤纤维间距大几倍至几十倍，这就使颗粒有更多的机会运动到纤维表面而沉积下来，而大于 0.5μm 的颗粒其布朗运动减弱，一般不足以靠布朗运动离开流线而碰撞到纤维上。这些颗粒不受黏滞力作用，在临近颗粒和气体分子模量的影响下随机扩散在气流中，并不断改变运动方向，当撞击到过滤纤维上时被捕获。直径越小、流速越低的颗粒越容易被捕获。

（3）拦截　拦截（图 3-4c）适用于滤除中等尺寸的颗粒。空气中的尘埃粒子随气流做惯性运动或无规则布朗运动或受某种场力的作用而移动，当撞到其他物体时，物体间存在的范德华力使颗粒粘到纤维表面。进入过滤介质的尘埃有较多撞击介质的机会，撞上介质就会被粘住，这些颗粒在气流中处于最靠近滤网的流线上，颗粒半径大于流线与滤网之间的距离，因而易被捕获。

（4）筛分　筛分（图 3-4d）是颗粒流经孔径小于粒径的滤网时被捕获。其中筛分方法只适用于除去棉绒、毛发及其他非常大的颗粒物。其原理是利用过滤纤维之间的间距小于颗粒物的直径来筛去大颗粒物，如图 3-5 所示。

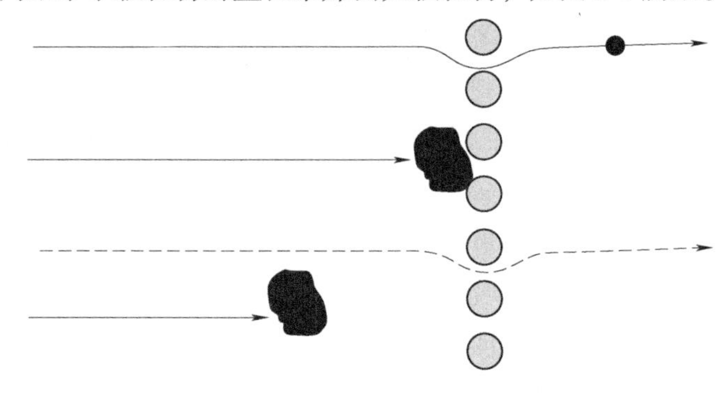

图 3-5　筛分机理

（5）黏性撞击　黏性撞击适用于滤除中等尺寸和大尺寸颗粒。与其他过滤器不同，这类过滤器的滤网上涂有黏性油，从而形成一层黏性油膜。气流通过滤网时不断改变运动方向，颗粒在惯性力的作用下偏离气流方向并撞击到滤网上而被粘住，从而被捕获。空气流道越曲折，被捕获的颗粒越多。将黏性油涂抹在过滤纤维上以增强颗粒在过滤纤维上的附着能力。这种黏性过滤器不仅具有很强的吸附颗粒物的能力，而且具有更大的容尘能力。为了保证最大冲击分离颗粒效率，除了使用黏性油，通常要求过滤纤维直径尽可能大，数量尽可能多，以使气流能够充分发生偏转。同时要求气流速度在 1.5～3m/s，以保证颗粒以较大的惯性来避免随气流绕流过滤纤维时发生偏转。

（6）静电过滤　静电过滤适用于滤除直径为 0.01～10μm 的颗粒。由于某种原因，纤维和颗粒可能带有电荷，产生静电效应。带静电的过滤材料过滤效果可以明显改善。原因是静电使粉尘改变运动轨迹并撞上障碍物，静电使粉尘在介质上粘得更牢。过滤纤维带有微弱的静电，气流中的颗粒在靠近过滤纤维时受静电吸引被捕获。燃气轮机进气过滤系统中利用静电作用的过滤器，在组装前，加工制造过程中需要被极化。通常，随着运行时间的推移，这些过滤器的静电电荷会被表面捕获的颗粒中和，因此过滤效率下降。此外，随着过滤网上被捕获颗粒数量的增多，过滤效率又会有所回升，因为这些被拦截的颗粒会抵消一部分因电荷流失而引起的过滤效率的下降。图 3-6 所示为不同过滤机理的过滤效率和适用粒径范围。从图中可以明显地看出，电荷流失会使过滤效率下降。过滤器的性能应是指在被极化前的测试结果。

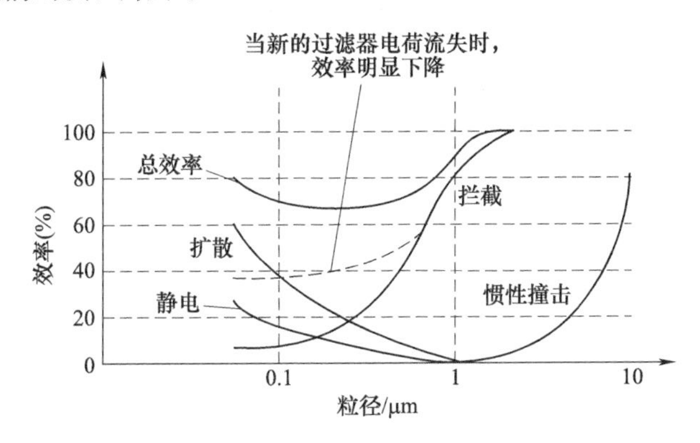

图 3-6 不同过滤机理的过滤效率和适用粒径范围

（7）沉降 沉降机理适用于分离较大粒径的颗粒，且气流的速度相对较慢，如图 3-7 所示。沉降是指颗粒利用自身的重力，在流动过程中逐渐下落而从气流中分离。

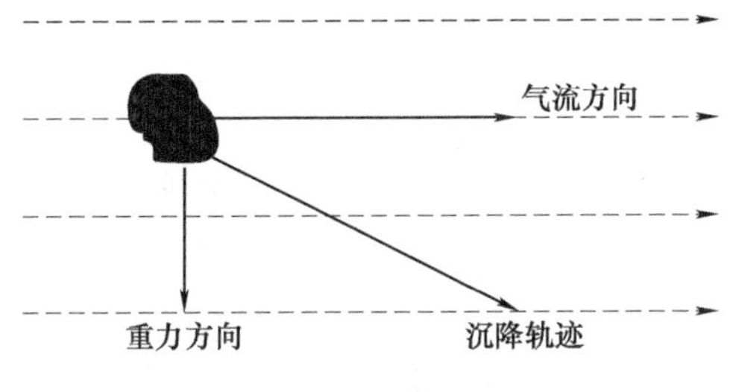

图 3-7 沉降机理

3.3 过滤效率

过滤效率是一个广义概念，通常是指进入过滤器的空气中的杂质与被过滤器拦截的杂质的质量、体积、面积或数量比。过滤效率也可以用被过滤器拦截杂质的粒径的最大值、最小值及平均值来评估。过滤器在最初使用阶段，滤除小颗粒的能力较低，但随着被捕获颗粒的增多，过滤器的负载增加，滤除小颗粒的能力增强。

过滤效率与过滤器的压力损失和容尘能力有关。通常，过滤器的压力损失会随着过滤效率的提高而增加，这是因为高效过滤器的空气流道阻力较大。虽然高压力损失会降低燃气轮机的输出功率，但研究表明，高效率过滤器的高压力损失对燃气轮机功率的不利影响远低于过滤不良的不利影响。图 3-8 所示的数据证实了这一结论。采用 F7 级（过滤效率较低）过滤器会导致燃气轮机内部形成积垢，这将大大降低燃气轮机的性能，而采用 F9 和 H12 级过滤器（高效过滤器）时，尽管压力损失较大，但对燃气轮机性能的影响却很小。

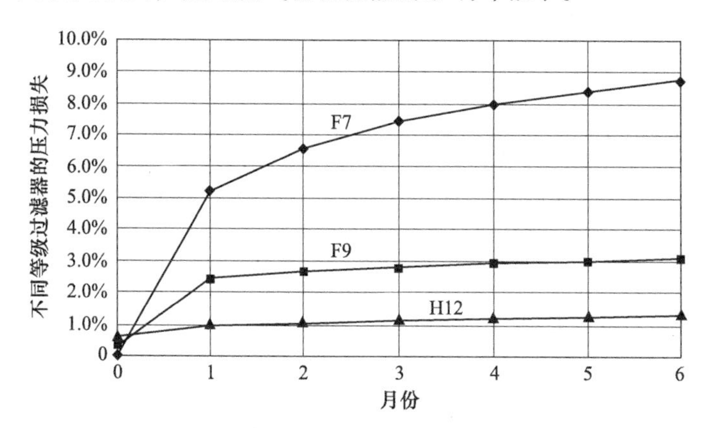

图 3-8　不同等级过滤器对燃气轮机性能的影响随时间变化

过滤器的过滤效率与颗粒尺寸和气流速度有关。过滤器在滤除大直径颗粒时效率较高，在滤除小直径颗粒时效率较低；中低速度的过滤器在过滤高速气流时效果很差，反之亦然。当过滤器过滤多分散性颗粒时，在几种过滤机理作用下，较小的颗粒由于扩散作用而先在纤维上沉积，所以当粒径由小到大时，扩散效率逐渐减小；较大的颗粒则在拦截和惯性作用下沉积，所以当粒径由小到大时，拦截和惯性效率逐渐增加。这样，和粒径有关的过滤效率曲线就有一个最低点，这一点粒径下的总效率最低，因而是最不容易在过滤器中被捕集的颗粒。对于直径为 0.3μm 的颗粒，过滤器的过滤效率最低。比如，在过滤体积流量为 $50m^3/min$、所含颗粒直径大于 5μm 的空气时，一台过滤器的过滤效率为 95%，当这台过滤器用于过滤体积流量为 $67m^3/min$、所含颗粒直径小于 5μm 的空气时，过滤效率会降低到 70%。因此，在给定过滤器的过滤效率时，应该指明颗粒直径和空气流速。

实验表明，当流过的气体的湿度增加时，颗粒容易穿透过滤层，过滤效率下降。随着表面沉积的颗粒增多，容尘量增大时，通常过滤效率将随之提高，但是滤层容尘量增大，由于积尘的阻碍，过滤器的阻力增大。实际上，现在过滤器的应用中均按未积尘时的过滤效率考虑。

过滤器的过滤效率与过滤面积有关。过滤装置的阻力随着气流量和流速的增大而增加。被捕捉或者黏附的粉尘对气流产生的阻力增大，使空气过滤装置的气阻增大。此外，由于被捕捉的粉尘与过滤介质黏附为一体后，形成新的过滤屏障，使过滤效率又略有改善。但整体的过滤效果取决于过滤装置面积的大小。所以，过滤装置的寿命和过滤面积有关。过滤器过滤效率的影响因素有很多，空气阻力、气流量、气流流速等都可以算作外界因素，而从内部来说，整体的过滤效果还是取决于高效滤网的面积大小。

在选择过滤器时，应以同类效率作为指标来对比不同类型的过滤器，因为不同类型的效率值之间差别很大。例如，如果空气中含有 101 个密度相同的球形颗粒，其中 100 个颗粒的直径为 1μm，1 个颗粒的直径为 10μm，而过滤器只能拦截 10μm 的颗粒，则过滤器的计重效率（计重法）、比色效率（比色法）和计数效率（大气尘计数法）分别为 90.91%、50.00%和 0.99%。

根据标准测试结果对过滤器进行分级，分级标准包括美国标准和欧洲标准。

美国标准 ASHRAE52.2：2007 叙述了过滤器性能测试的试验要求和分级粒径效率计算方法。在该标准中，根据过滤器的分级粒径效率和计重效率（捕获效率），确定过滤器的最小效率报告值（Minimum Efficiency Reporting Value，MERV）。过滤器的计重效率是指被过滤器捕获的杂质质量与原空气中含尘质量之比。如果一个过滤器的最小效率报告值为 10，则该过滤器在滤除 1~3μm 颗粒时的效率为 50%~65%，在滤除 3~10μm 颗粒时的效率为 85%。

欧洲标准包括：EN 779：2002 和 EN 1822：2009。EN 779：2002 适用于粗效和中效过滤器。EN 1822：2009 适用于效率空气过滤器（Efficiency Particulate Air-filter，EPA）、高效空气过滤器（High Efficiency Particulate Air-filter，HEPA）和超高效空气过滤器（Ultra Low Penetration Air-filter，ULPA）。根据 EN 779：2002 采用平均效率来评估中效过滤器和粗效过滤器对 0.3μm 颗粒的过滤性能。对于中效过滤器，计算它在 4 种空气流速（EN 779：2002 标准中用于测试过滤器性能的不同空气流速，分别为 0.5m/s、1.0m/s、1.5m/s、2.0m/s）下计数效率的平均值，而对于粗效过滤器，则计算它的计重效率的平均值。EN 779：2009 中用字母和数字表示过滤器的等级，粗效过滤器分为 G1~G4 级，中效过滤器分为 F5~F9 级。EN 1822：2009 采用的是粒子计数法，根据滤除最易透过粒径颗粒时的计数效率来划分过滤器等级。最易透过粒径（Most Penetrating Particle Size，MPPS）是指能被滤除的最小粒径或能透过滤网的颗粒的最大粒径，试验气溶胶的粒径范围为 0.15~0.3μm。在 EN 1822：2009 中，效率空气过滤器分为 E10~E12 级，高效空气过滤器分为 H13~H14 级，超高效空气过滤器分为 U15~U17 级。表 3-1 所列为不同等级过滤器的过滤效率。本书第 4 章详细讨论了过滤器的标准测试方法。

表 3-1　不同等级过滤器的过滤效率

美国标准空气过滤器	ASHRAE 52. 2：2007			欧洲标准空气过滤器	EN 779：2002		EN 779：2009	
	X-Y 微米平均颗粒尺寸效率①(%)				平均分离效率②(Am)	平均分离效率③(Em)	总体过滤分离效率④(%)	局部过滤分离效率⑤(%)
	E_1	E_2	E_3					
MERV 等级	0. 3~1. 0	1. 0~3. 0	3. 0~10. 0					
1	—	—	<20	G1	50≤Am<65	—	—	—
2	—	—	<20	G2	65≤Am<80	—	—	—
3	—	—	<20			—	—	—
4	—	—	<20			—	—	—
5	—	—	20~35	G3	80≤Am<90	—	—	—
6	—	—	35~50			—	—	—
7	—	—	50~70	G4	90≤Am	—	—	—
8	—	—	>70			—	—	—
9	—	<50	>85	F5	—	40≤Em<60	—	—
10	—	50~65	>85		—		—	—
11	—	65~80	>85	F6	—	60≤Em<80	—	—
12	—	>80	>90		—		—	—
13	—	>90	>90	F7	—	80≤Em<90	—	—
14	<75	>90	>90	F8	—	90≤Em<95	—	—
15	75~85	>90	>90	F9	—	95≤Em	—	—
16	>95	>90	>90	E10	—	—	85	—
				E11	—	—	95	—
				E12	—	—	99. 5	—
—	—	—	—	H13	—	—	99. 95	99. 75
—	—	—	—	H14	—	—	99. 995	99. 975
—	—	—	—	U15	—	—	99. 9995	99. 9975
—	—	—	—	U16	—	—	99. 99995	99. 99975
—	—	—	—	U17	—	—	99. 999995	99. 9999

①指在指定范围内的颗粒尺寸中，过滤器的平均效率。X 和 Y 表示颗粒尺寸范围的下限和上限。

②指过滤器对所有测试颗粒尺寸的平均分离效率。分离效率是指过滤器将颗粒从气流中分离的能力。

③指过滤器对某个特定颗粒尺寸的平均分离效率。通常与 Am 相比，Em 更关注过滤特定颗粒尺寸的性能。

④指过滤器对所有测试颗粒尺寸的总体分离效率，即考虑了不同尺寸颗粒的平均效果。

⑤指过滤器对某个特定颗粒尺寸的局部分离效率。与 Em 类似，但更强调过滤特定颗粒尺寸的性能。

3.4 过滤器的压力损失

应根据过滤器全生命周期内的最终压力损失来评估过滤器性能。过滤器的压力损失会随着过滤器工作时间的延长而增加，因此，如果根据过滤器的初始压力损失来选择过滤器，则可能需要频繁地更换过滤器来满足燃气轮机的许用压力损失要求。过滤器的最终压力损失与过滤器的种类和空气中污染物的含量有关。

过滤器压力损失的影响因素如下：

1）过滤风速的影响。过滤器的压力损失在很大程度上取决于过滤风速。过滤器结构阻力、清洁滤料阻力、粉尘层的阻力都随过滤风速的提高而增大。

2）滤料类型的影响。滤料的结构与表面处理的情况对过滤器的压力损失也有一定影响。使用机织布滤料时阻力最高，毡类滤料次之，表面过滤材料有助于实现最低的压力损失。

3）运行时间的影响。过滤器运行时间也是影响压力损失的重要因素。该影响体现在两方面：一方面，压力损失随着过滤、清灰这两个工作阶段的交替而不断上升与下降；另一方面，当新过滤网投入使用时，过滤器压力损失较低，在一段时间内增长较快，经 1~2 个月后趋于稳定，转为以缓慢的速度增长。

4）清灰方式的影响。清灰方式也在很大程度上影响着过滤器的压力损失。同等条件下，采纳强力清灰方式（如脉冲喷吹）时压力损失较低，而采纳弱力清灰方式（机械振动、气流反吹等）的高效过滤器的压力损失则较高。

5）空气中污染物的影响。空气中的污染物对过滤器的压力损失有着很大的影响。当空气中污染物含量多时，过滤器用于过滤所需要消耗的机械能会很大，过滤器的压力损失也会很小。

过滤器制造商采用降低过滤器面风速的方法来减小过滤器的压力损失。降低面风速可以减小黏滞力和节流效应，进而减小压力损失。增大过滤器的迎风面积不仅可以减小面风速，还会使过滤器捕获更多的杂质。增大迎风面积也意味着占地面积更大的过滤系统、更多的过滤介质和更高的成本。然而，对于海上和沿海燃气轮机进气过滤系统，由于体积、质量和空间限制，并不允许增大迎风面积，因而只能采用高效过滤器。

除了增大迎风面积，变更进气管路系统也可以减小过滤器的压力损失。空气流道直径和方向的改变均会影响压力损失。在进气管路系统的优化设计过程中，计算流体动力学（Computational Fluid Dynamics，CFD）是非常有用的工具。根据 CFD 流场状态和压力损失计算结果，修改计算模型，减小流动速度和压力损失，确保各个过滤单元的容尘负荷增加速度大致相等，从而在设计阶段完成进气管路系统的优化设计。图 3-9 所示为进气过滤系统管路流场 CFD 分析结果。

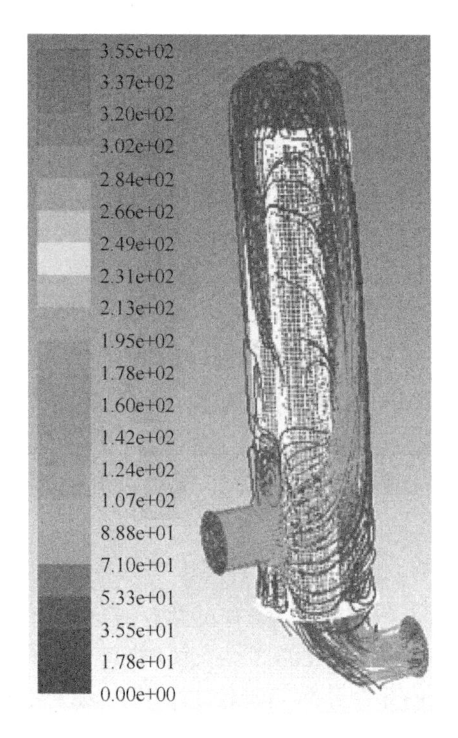

图 3-9　进气过滤系统管路流场 CFD 分析结果

3.5 过滤器的容尘量

容尘量的定义是受试过滤器在达到试验的终止条件前所拦截的人工尘总量，它由人工尘的发尘总质量乘以受试过滤器平均计重效率计算得到。容尘量的试验方法是通过发尘装置把一定量的人工尘发送到装有受试过滤器和末端过滤器（一般是高效过滤器）的标准试验风道中，直到人工尘发送完，拆下受试过滤器和末端过滤器，分别称重，得出其质量变化量，从而计算出受试过滤器计重效率，重复进行上述步骤直至受试过滤器达到终阻力值，然后求出整个试验过程的平均计重效率，最后由平均计重效率乘以总发尘量得到受试过滤器的容尘量。

随着粉尘在过滤器上的累积，过滤器的负荷缓慢增加直到“饱和”状态。当过滤器的压力损失达到规定值或运行时间达到检修期，则认为过滤器已达到“饱和”状态。过滤器有两种负荷方式：深度负荷和表面负荷。深度负荷是指颗粒在进入过滤器内部后被捕获。对于这类过滤器，要想恢复到初始压力损失，只能更换，因此，这类过滤器的寿命是根据所监测的压力损失来确定的。

在使用深度负荷过滤器时，要确定过滤器的容尘量。容尘量大的过滤器能捕获较多颗粒，压力损失增加缓慢。图 3-10 中对比了容尘量不同的过滤器的压力损失随运行时间的变化情况。通过对比可以发现，捕获同等质量的灰尘时，容尘量小的过滤器的压力损失较大。过滤器的容尘量和过滤器的结构及颗粒的尺寸分布有关。对于相同的过滤器，在滤除小颗粒时，负荷增加速度比滤除大颗粒时要快；在同等压力损失情况下，容尘量大的过滤器能够负荷更多的大颗粒。

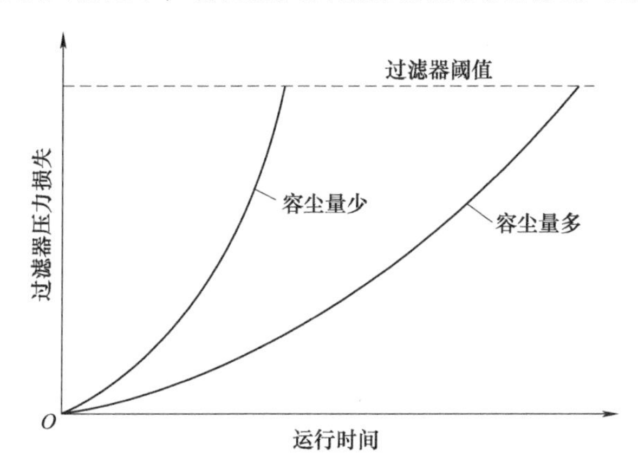

图 3-10　过滤器容尘量多少与压力损失之间的关系

对于含尘量少的空气，一般只需要容尘量小的小型过滤器。对于中等和高含尘量的空气，以及小粒径颗粒含量较多的空气，往往会使用容尘量大的过滤器，以延长过滤器的寿命，降低维修和更换成本。如果在燃气轮机定期停机检修期间更换过滤器，则过滤器在燃气轮机整个生命周期内的平均压力损失会减小，这有助于维持燃气轮机的性能。

对于表面负荷型过滤器，颗粒在过滤器表面被捕获。即使会有少量的颗粒进入过滤器内部，也不需要更换过滤器。当压力损失达到一定水平时，可以用脉冲空气简单地将表面积尘清除。自清洗过滤器是最常见的表面负荷型过滤器，除此之外，还有其他类型的表面负荷型过滤器。对于表面负荷型过滤器，一旦表面积尘被清除，压力损失则可恢复到初始状态。表面负荷型过滤器的过滤效率会随着表面负荷的增加而提高，因为表面积尘在一定程度上可充当过滤介质，并降低空气流速。

3.6　过滤器的面速度

过滤器的面速度分为高、中、低 3 个级别。过滤器的面速度为空气的实际体积流量除以过滤器的总过滤面积，反映了过滤器的通过能力和安装面积的性能指标。根据过滤器的面速度，可以将过滤器分为 3 种，分别为低速过滤器、中速过滤器和高速过滤器。低速过滤器，面速度较低，一般在2.54m/s以下，对应的过滤速度较慢，适用于对水质要求不高、处理相对较少的废水或饮用水；中速过滤器，面速度在3.1~3.45m/s，对应的过滤速度适中，适用于处理一定量的工业废水或饮用水，对水质有一定要求；高速过滤器，面速度较高，通常达到4m/s，对应的过滤速度较快，适用于处理大量的废水或饮用水，对水质要求较高。

（1）面速度和过滤速度　面速度通常用于衡量过滤器截面上通过气流的速度，一般以m/s为单位。过滤速度是指通过过滤器滤料面积的气流速度，通常以m/min或cm/s为单位。对于平板过滤器来说，面速度和过滤速度是一致的。高效过滤器的性能要求不同，其内部设置的滤料面积也不同，因此过滤速度与面速度之间可能存在一定的差异。一般来说，为了减小阻力、提高净化效率，高效过滤器的过滤速度通常都比较低，而滤料的面积相对较大。这样可以降低过滤速度，提高过滤效果，减小阻力，延长过滤器的使用寿命。

（2）高速过滤器　高速过滤器在早期拥有较强的空间和质量优势，因此先前的海上和沿海操作平台几乎只能使用高速过滤器。随着现代过滤技术的进步，高速、中速和低速过滤器几乎都能满足沿海和海上操作平台的质量和空间要求。高速过滤器的体积小、质量小、初始成本低。但从全寿命周期成本考虑，体积小意味着可被更换的过滤单元少，这可能会导致过滤器的压力损失难以恢复到初始状态，从而使燃气轮机入口空气的压力降低，进而影响燃气轮机的性能。与低速过滤器相比，高速过滤器在滤除小颗粒时的过滤效率较低，容尘量小，因此更换次数较多。只有在对过滤器的尺寸和质量有严格限制时，才会优先考虑这两个因素，否则，应根据操作环境而不是过滤器的尺寸、质量和成本来设计过滤器壳体。

（3）低速过滤器　低速过滤器多用于陆上操作环境。低速过滤器的特征是入口面积大、过滤器壳体大、过滤过程分为多级。与高速过滤器相比，多级过滤器的过滤效率更高。多级过滤器的末级过滤器能够滤除更多小于1μm的颗粒及更多的盐分，并且能够有效阻止水分进入燃气轮机内部。与此同时，低速过滤器的压力损失更小，过滤效率更高，这使得低速过滤器需要被清洗和被更换的次数减少，从而降低了过滤成本。总之，低速过滤器能够更大程度地滤除空气中的杂质。图3-11所示为海上高速过滤系统和陆上低速过滤系统的结构。

（4）过滤系统的面速度对过滤性能的影响　过滤器的性能是在额定速度下测定的。过滤器制造商在测试过滤器时所采用的速度通常能够代表燃气轮机在实际运行中的进气速度，这个速度也是过滤器操作说明书中的额定速度。如果实际操作速度与额定速度相同，那么过滤器能够达到预期性能；如果实际操作速度高于额定速度，则会引起压力损失的增加，过滤效率降低，容尘量减小。

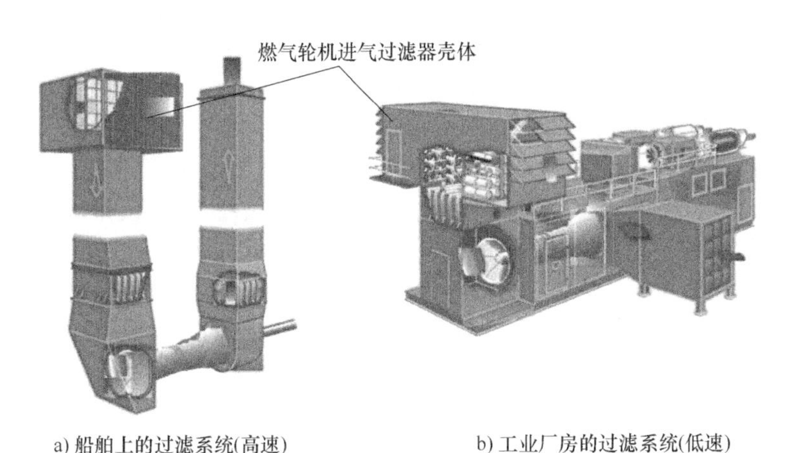

a) 船舶上的过滤系统(高速)　　b) 工业厂房的过滤系统(低速)

图 3-11 海上高速过滤系统和陆上低速过滤系统的结构

3.7 过滤器的分类和选择

3.7.1 气象保护装置和垃圾筛

虽然气象百叶窗或气象防护罩及垃圾筛是最简单的过滤装置，但却可以有效地减少进入主过滤系统的水分和杂质。这些简单的装置只能拦截气流中体积较大的杂质，在过滤系统中只起辅助作用，因此往往不被称为过滤器。

气象防护罩是安装在过滤系统入口外侧的金属板，如图 3-12 所示。气象防护罩的开口向下，控制空气由下向上进入过滤系统，以便有效地降低入口空气中的雨雪含量。在大多数燃气轮机进气过滤系统中，都会采用气象防护罩和气象百叶窗来降低入口空气中的雨雪含量。气象防护罩和气象百叶窗在降雨量或降雪量

图 3-12 过滤系统入口的气象防护罩

大的地区是必不可少的。在热带雨林地区，气象防护罩可以有效地偏转入口空气中雨水的流动方向，使它脱离主气流，从而保护下游惯性分离器不过载，并且降低了进入下游高效过滤器的空气中的水分。中等尺寸的气象防护罩用于滤除雨水时，推荐流速为198.12m/min。在北方，气象防护罩主要用于拦截入口空气中的雪。降雪速度一般低于降雨速度，因此在滤除降雪时，需要更大尺寸的气象防护罩。滤除降雪的气象防护罩的推荐流速为76.2m/min。

气象防护罩之后会安装气象百叶窗。气象百叶窗是一系列强制改变空气流动方向的转向叶片。气象百叶窗可以有效地进一步降低入口空气中的雨雪含量。

气象百叶窗的主要功能有通风透气功能、防尘功能、防雨功能、遮阳防晒功能。防尘功能是气象百叶窗的主要功能，气象百叶窗叶片间的电场对微尘具有吸附作用，可降低通过气象百叶窗而流入过滤器内空气中的浮尘，从而起到防尘的作用。具备防雨功能的气象百叶窗即使在瓢泼大雨之时，也能有效地阻止雨水进入室内，而且在整个防雨气象百叶窗的迎风面不会形成水帘，从而达到了正常的设计通风要求。在遮阳方面，气象百叶窗可以抵挡紫外线辐射，保证气象百叶窗内装置的安全性能。

气象百叶窗之后安装的是垃圾筛或者昆虫筛。垃圾筛用于清除入口空气中携带的大块纸张、纸板、塑料袋等体积较大的杂质。垃圾筛和昆虫筛也可以改变鸟、树叶及昆虫的运动方向，从而将它们滤除。与垃圾筛相比，昆虫筛的筛孔相对较小。大部分过滤系统中都会安装气象防护罩、气象百叶窗、垃圾筛和昆虫筛，因为这些过滤装置的成本低、便于安装且压力损失较小。

防结冰保护装置通常用在寒冷环境中。寒冷空气中的雨雪会凝结成冰，这些冰块会对燃气轮机的进气管道和压缩机造成物理损伤，进而影响燃气轮机的性能。另外，过滤单元上的冰块会阻塞空气流道，使其他过滤单元内的空气流速增大，导致过滤系统的过滤效率下降。并且，冰块也会损坏过滤单元。由冷却塔漂移引起的筒形过滤器表面结冰如图 3-13 所示。

压缩机入口处的空气流道为文丘里形状，沿着气流的方向流道面积逐渐减小，因此空气流速逐渐增大，压力降低。加热器或者压缩机出口气体回流常用于防止寒冷空气中的水蒸气在压缩机入口或者过滤器上凝结。

3.7.2 惯性分离器

惯性分离器采用动量、重力、离心力和撞击等物理原理，根据不同相态物质之间的物理量差异把杂质从气流中滤除。灰尘和水滴的动量比空气大，难以改变流动方向，因此当空气从旁路流出时，其中的灰尘和水滴继续沿原方向前进，从而被滤除。市场上存在多种类型的惯性分离器，但最常见的是旋叶分离器和旋风分离器。

图 3-13 由冷却塔漂移引起的筒形过滤器表面结冰

旋叶分离器是一种轴流式过滤器，承担主要的汽-水分离任务，对燃气轮机运行性能、安全性和经济性具有重要影响。旋叶分离器依靠气液旋流离心力的差异和重力实现气液分离，分离器内存在复杂的液滴、液膜和气相共存现象。其侧壁上带有用来滤除水滴的螺旋或折叠型导流叶片。旋叶分离器主要有两种类型，一种带有单层螺旋导流叶片，另一种带有双层螺旋导流叶片，如图 3-14 所示。气流沿螺旋导流叶片表面流动过程中不断改变方向，气流中夹带的液滴由于惯性较大，运动方向难以改变，从而在撞击金属叶片表面后与主气流分离。脱离空气运动轨迹的液滴流到侧壁上封闭的螺旋槽内，随后流出旋叶分离器。

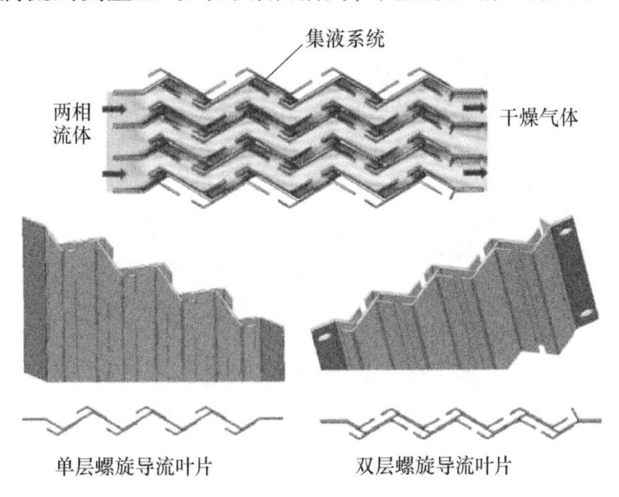

图 3-14 旋叶分离器

单层螺旋型旋叶分离器能够有效滤除空气中直径大于 10μm 的水滴，双层螺旋型旋叶分离器能够滤除直径在 5~10μm 范围内的水滴。旋叶分离器的过滤效率取决于设计流速，当工作流速等于设计流速时效率最高。旋叶分离器的压力损失相对较小，适用于海上或者沿海环境中的高速过滤系统。通常，旋叶分离器采用铝、不锈钢或者 PVC 等耐蚀材料建造。

旋风分离器是利用空气高速旋转时所产生的离心力将粉尘和液滴从气流中分离出来的。旋风分离器的主要特点是结构简单、操作弹性大、效率较高、管理维修方便、价格低廉。它用于捕集直径在 5μm 以上的粉尘，广泛应用于制药工业，特别适用于粉尘颗粒较粗，含尘浓度较大，高温、高压条件下，也常作为流化床反应器的内分离装置，或作为预分离器使用，是工业上应用很广的一种分离设备。旋风分离器的工作原理如图 3-15 所示。旋风分离器的主要功能是尽可能除去输送气体中携带的固体颗粒杂质和液滴，达到气、固、液分离，以保证设备的正常运行。空气中较重的颗粒在离心力的作用下被甩向器壁，颗粒一旦与器壁接触，便失去惯性力，随后，靠近器壁的颗粒沿壁面向下运动，进入排出管，并落入收集袋中。旋转下降的外旋气流，在下降过程中不断向分离器的中心部分流入，形成向心的径向气流并进入燃气轮机。随着气流速度的增加，压力损失增大，过滤效率提高。旋风分离器的压力损失范围为 249~373. 5Pa。旋风分离器的压力损失比旋叶分离器大，并且在入口处需要较大的空间。旋风分离器的生产已经实现模块化，可以采用铸造或其他机械加工方法制造。

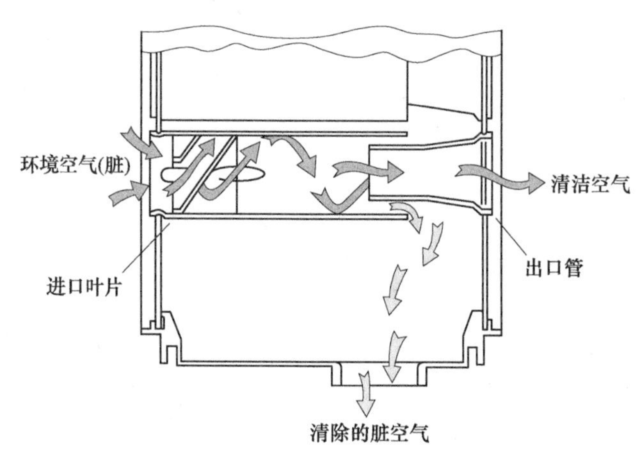

图 3-15　旋风分离器的工作原理

设计良好的惯性分离器能够滤除空气中 99%的直径大于 10μm 的颗粒，因此可以有效地防止由这些颗粒引起的腐蚀。惯性分离器所分离的颗粒的惯性越大，气流转折的曲率半径越小，则其效率越高。所以，颗粒的密度及直径越大，则越易分离，适当增大气流速度及减小转折处的曲率半径也有助于提高效率。惯性分离器是过滤系统中最主要的过滤设备，通常会安装在高效过滤器之前。

3.7.3　凝聚脱水过滤器

凝聚脱水过滤器是一种利用凝聚原理将流体混合物分离的装置。凝聚是一个过程，流体分子通过凝聚（聚在一起）形成一个更大的整体。凝聚脱水过滤器能够以与微粒过滤器相当的效率分离混合物中的微粒成分。由于工业加工液和产品中存在水蒸气、硫黄、乙烷、甲烷、二氧化碳（CO_2）和其他杂质，因此有必要使用精密过滤系统来控制最终产品的质量。凝聚脱水过滤器是一种用来达到此目的的工业设备。

凝聚脱水过滤器（或简称凝聚器）是一个由几个挡板墙或屏幕组成的过滤系统。一股需要分离的汽水混合物被施加到过滤器上，挡板通过将各种成分困在不同的区域而筛选出来。因此，有用的成分可以以纯净的形式被回收，而污染物则被排走进行净化或处理。筛选机制是根据成分物质的物理特性，如相对分子质量和密度来工作的。在水油分离中，凝聚器中的挡板墙将较重的油分子引向一个排放点，而水蒸气分子则通过过滤器元件扩散凝聚并在重力作用下被排出系统。同样，在汽水分离中，湿气（含有水滴的气流）被送入凝聚器入口，扩散通过过滤元件，并作为脱水气体通过出口排出。密度较大的水分子凝聚起来，落到罐底进行排放。

在空气湿度较大的环境中，需要用凝聚脱水过滤器来滤除空气中的水分。湿空气流过凝聚脱水过滤器的纤维表面时，小水滴在纤维表面逐渐凝聚成大水滴。大水滴进入凝聚脱水过滤器下游的排放通道或者被释放到主气流中。被释放到主气流中的大水滴会被过滤系统下游的分离器滤除。图 3-16 所示为凝聚脱水过滤器内凝结水滴粒径分布。

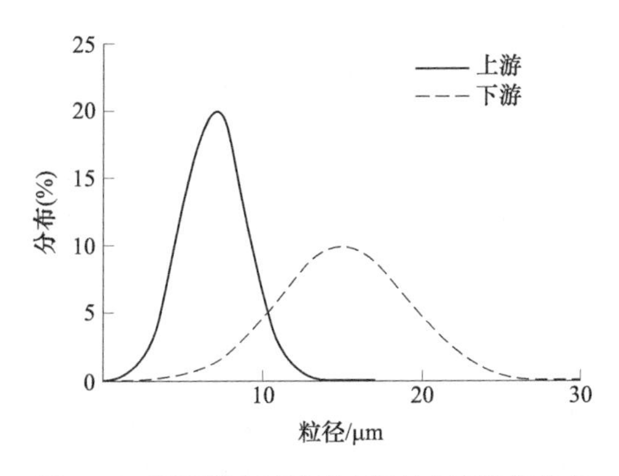

图 3-16　凝聚脱水过滤器内凝结水滴粒径分布

还有很多其他类型的过滤器专门用于滤除空气中的固体杂质，这类过滤器遇水后过滤效率会大大下降，因此，凝聚脱水过滤器的安装位置非常重要。如果凝聚脱水过滤器的安装位置距离上游过滤器太远，则过滤效率下降；如果安装位置距离下游固体过滤器太近，则部分凝聚的水滴会进入固体过滤器，影响固体过滤器的性能。凝聚脱水过滤器一般安装在前置过滤器和高效过滤器的上游。

3.7.4 前置过滤器

空气中既有大颗粒也有小颗粒，如果只使用一级高效过滤器，则大的颗粒会很快堆积在过滤介质表面，引起压力损失和过滤器负荷的增加。前置过滤器主要用于拦截空气中的大颗粒，这使高效过滤器仅需滤除小颗粒，从而延长高效过滤器的寿命。前置过滤器通常用于拦截直径大于10μm的颗粒，有些前置过滤器也能够滤除直径在2~5μm范围内的颗粒。前置过滤器一般为大直径合成纤维构成的一次性框架式结构，如图3-17所示的袋式前置过滤器。这类过滤器拥有更大的过滤面积，从而降低了过滤器两端的压力损失。在某些情况下，为了增大前置过滤器的初始效率，会对它进行极化处理使它带有静电荷，但这种电荷会随着中和作用而消失，导致滤除小颗粒的效率下降。

图3-17　袋式前置过滤器

前置过滤器和后置过滤器是根据过滤精度的不同与压缩空气需求的不同而定的。前置过滤器的主要作用是对空气进行初步的过滤及净化处理，可把大量的水分、油分及较大的颗粒物过滤掉，同时起保护机组的作用，否则，一旦管路上的铁锈及其他颗粒物进入燃气轮机机组内部，会大大降低燃气轮机的工作效率，甚至损坏燃气轮机机组。而后置过滤器是相对比较精密的，空气进入后置处理阶段，基本没有液体排出，如果含有大量杂质的压缩空气不经过前置过滤器的保护而直接由后置过滤器来处理，将有可能导致发生汽水分离器及排水阀堵塞甚至损坏的现象。

3.7.5 高效过滤器

高效过滤器主要用于滤除空气中会引起腐蚀、积垢及冷却通道阻塞故障的小颗粒，平均效率高于80%。3种常见的高效过滤器包括：中效过滤器，高效过滤器和超高效空气过滤器。对于直径等于或大于0.3μm的颗粒，中效和高效过滤器的过滤效率分别为85%和99.95%。超高效过滤器在滤除直径等于或大于0.12μm的颗粒时的最低效率为99.95%。然而，当高效过滤器用于燃气轮机进气过滤系统时，效率并没有这么高。

高效过滤器采用超细玻璃纤维纸作为滤料，胶版纸、铝箔板等可折叠材料作为分割板，用新型聚氨酯密封胶密封，并用镀锌板、不锈钢板和铝合金型材制造外框，如图 3-18 所示。玻璃纤维纸中含有大量随机排布的细纤维，这些细纤维能够滤除亚微米级的颗粒。高效过滤器的类型包括：矩形、圆柱形、筒形和袋式过滤器。矩形高效过滤器的结构如图 3-19 所示，过滤板折叠成带有连续褶皱的形状并固定在刚性矩形框架结构上。矩形高效过滤器是沿着深度方向加载的，一旦达到满负荷就需要被更换。

a) 大颗粒/低效率(预过滤)

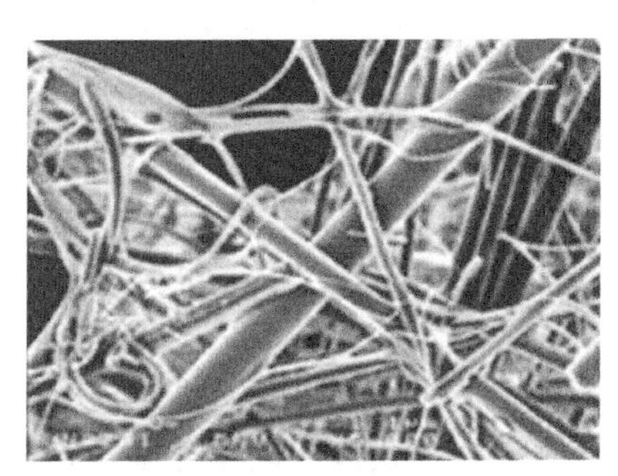

b) 小颗粒/高效率

图 3-18　低效和高效过滤器过滤纤维对比

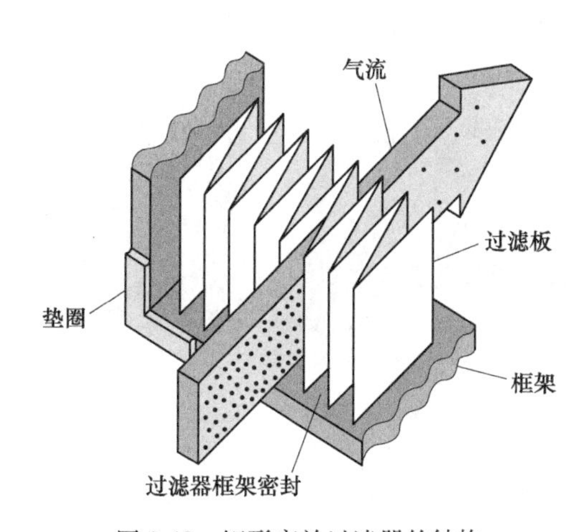

图 3-19　矩形高效过滤器的结构

矩形高效过滤器内有两个关键密封点，一般采用聚氨酯密封胶来密封。一个是褶皱形过滤介质与矩形支撑框架连接处的密封，另一个是支撑框架在过滤器内固定点的密封，这两处密封都是为了防止空气绕过过滤介质。所有矩形过滤器（高效和低效）都应保证这两个位置的密封，这在滤除小颗粒的高效过滤器中更加重要。图 3-20 所示为两种常见的矩形高效过滤器，滤袋安装在矩形过滤器内，滤袋的过滤面积取决于滤袋的长度。

图 3-20　两种常见的矩形高效过滤器

筒形高效过滤器内固定有紧密排布的圆形褶皱过滤介质，如图 3-21 所示。空气径向流入水平或者竖直排布的滤筒。筒形高效过滤器有深度负载和表面负载两种形式。表面负载的高效过滤器有自清洗过滤器，这类自清洗过滤器要求坚固的支撑结构，以保护过滤介质在反向脉冲空气的作用下不被破坏。最常见的支撑结构是放置在过滤介质外围和内部的缠绕金属丝网。图 3-21 所示筒形高效过滤器的过滤介质外部并没有放置缠绕金属丝网支撑结构，因此并不是自清洗过滤器。

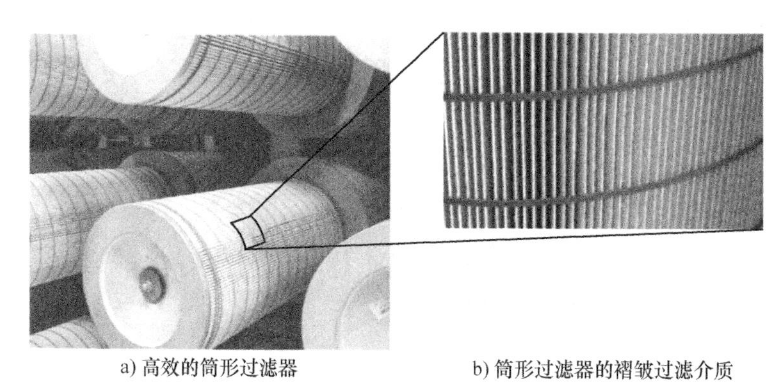

a) 高效的筒形过滤器　　b) 筒形过滤器的褶皱过滤介质

图 3-21　筒形高效过滤器

筒形高效过滤器的容尘能力比矩形高效过滤器的大。例如，一个筒形过滤器能够容纳 2500g 的亚利桑那细粉尘，而一个矩形过滤器仅能容纳 400～700g 的亚利桑那细粉尘。筒形高效过滤器仅有一个密封点，密封垫片结构简单，加工制造方便，过滤介质与过滤器主体之间容易实现良好密封。

高效过滤器采用特殊排布的过滤纤维作为过滤介质，内部的折叠结构增加了过滤器的过滤面积，但会使空气流道受到严格限制，因此压力损失较大。高效过滤器的初始压力损失高达 250Pa，矩形高效过滤器的最终压力损失为 750Pa，筒形高效过滤器的压力损失为 1000Pa。高效过滤器的寿命受上游过滤器的过滤效果影响，如果上游过滤器能够有效地滤除空气中的大直径固体颗粒和水滴，则高效过滤器的寿命较长，否则，高效过滤器则需要多次更换和清洗。高效过滤器有多种分级标准。燃气轮机进气过滤系统中的高效过滤器并不按照 EPA、HEPA 和 ULPA 分级，而是采用 ASHRAE 52. 2：2007 和 EN 779：2002 中的分级方法。

3. 7. 6　自清洗过滤器

自清洗过滤器是一种利用滤网直接对杂质进行拦截，除去水中的颗粒物，降低浑浊度，净化水质等，需要过滤的流质进入过滤器后，由于其中智能化的设计，系统可以自动识别杂质沉积程度，一旦杂质沉积到一定程度，系统会自动给排污阀信号进行自动排污清洗。

所有的纤维型过滤器都需要在使用寿命结束时被更换，因此在一些含尘量较大的沙漠或沙尘暴频发地区，过滤器的容尘量很容易达到极限，需要被频繁更换才能达到过滤要求。1970 年，自清洗过滤器首先应用于沙尘暴频发的中东地区的燃气轮机进气过滤系统。此后，自清洗过滤器不断发展并逐渐被推广应用。

图 3-22 所示为自清洗过滤器。水由进水口进入过滤器，首先经过粗滤芯组

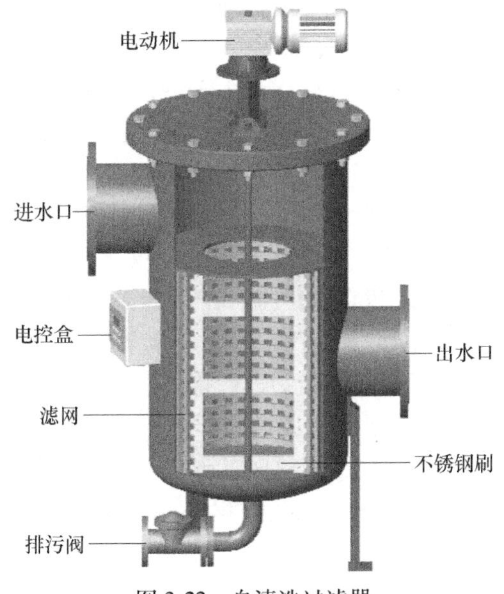

图 3-22　自清洗过滤器

件滤掉较大颗粒的杂质，然后到达细滤网，通过细滤网滤除细小颗粒的杂质后，清水由出水口排出。在过滤过程中，细滤网的内层杂质逐渐堆积，它的内外两侧就形成了一个压差。当这个压差达到预设值时，将开始自动清洗过程：排污阀打开，主管组件的液压马达室和液压缸释放压力并将水排出；液压马达室及吸污管内的压力大幅度下降，由于负压作用，通过吸嘴吸取的细滤网内壁的污物流入液压马达室，由排污阀排出，形成一个吸污过程。当水流经液压马达时，带动吸污管旋转，由液压缸活塞带动吸污管做轴向运动，吸污器组件通过轴向运动与旋转运动的结合将整个滤网内表面完全清洗干净。整个清洗过程持续数十秒。排污阀在清洗结束时关闭，增加的水压会使液压缸活塞回到其初始位置，过滤器开始准备下一个冲洗周期。在清洗过程中，过滤器正常的过滤工作不间断。

反冲洗是自清洗过滤器的一种常见清洗方式。通过逆向水流或气流将污垢从过滤介质上冲刷下来，从而清除过滤器表面的颗粒物、沉积物或其他污染物。这个过程可以有效恢复过滤器的过滤能力，延长过滤器的使用寿命。

反冲洗能自动进行的原理：反冲洗是靠液压阀打开和液压缸活塞的动作来实现的，而这些都是通过反冲洗控制器来控制的。反冲洗控制器根据从过滤器进、出口传过来的压差值能准确控制液压阀和液压缸，而控制器的动力来自管线自身的压力。

自清洗过滤器的反冲洗特性：进行反冲洗时不间断供水，整个反冲洗是以吸嘴吸净滤网每一点这样的方式实现的。反冲洗时只是吸嘴与细滤网之间很小的局域压力发生变化，而收集器与液压缸的动作也不影响正常的供水。同时，在进行反冲洗时所消耗的水量很少，以流量为 $300m^3/h$ 的过滤器为例：其反冲洗流量为 $35\sim40m^3/h$，反冲洗时间为 7~15s，反冲洗水量为 80~160L。

自清洗过滤器的自动清洗方式可以分为 3 种，即吸式、刷式和反冲洗。

1）吸式：需要过滤的流质经过粗滤网，到达细滤网之后，在细滤网内侧就会沉积到杂质层，这样，细滤网的内外两侧就会形成一定的压差，当这个压差到达预设值时，过滤器就会启动自动清洗，这个时候打开清洗阀，吸污管道就会产生吸力，将杂质都清洗干净。

2）刷式：同样，杂质沉积在滤网上，产生压差，当压差到达预设值时，电控器给水力控制阀、驱动电机信号后，就会产生下一动作，电动机带动刷子旋转，对滤网进行清洗，同时打开控制阀进行排污。

3）反冲洗：杂质在细滤网沉积后形成压差，当压差到达预设值时，排污阀打开，相关机件释放压力让水排出，这时就形成了负压，在负压的作用下滤网上杂质得到了清洗，水流出排污阀。在此过程中，过滤器是始终处于运作状态的，不会受到任何的影响。

自清洗过滤器主要是表面负载的筒形高效过滤器，因为表面负载过滤器的表面积尘很容易被反向脉冲空气清洗，如图 3-23 所示。自清洗过滤系统中有压差监测器，当过滤器的压力损失达到一定值时，自动开启自清洗功能。从压缩机引出的脉冲压缩空气的表压为 80~100Pa，持续时间为 100~200ms。为了不干扰压缩机的压缩气流并减少清洗用气量，通常一次仅清洗 10%的过滤元件。通过自清洗，可使过滤器的过滤效果恢复到初始状态。

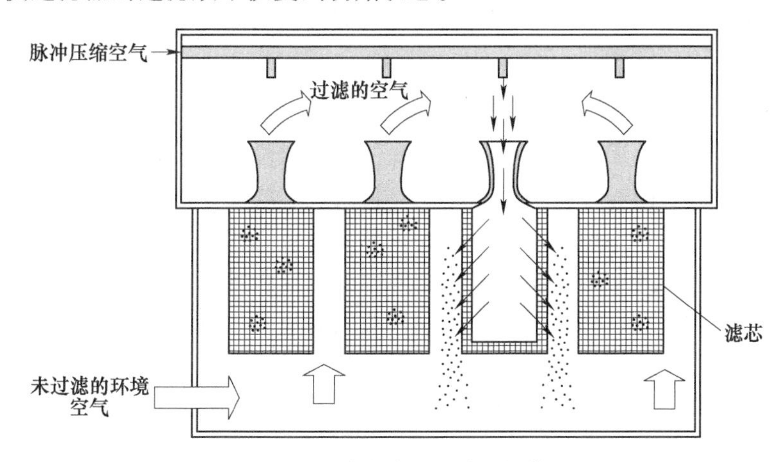

图 3-23 上升式自清洗过滤器操作原理

需要注意的是，即使能够进行自清洗，受表面积尘、UV 射线、产热及过滤介质寿命的影响，过滤器的性能仍会随着操作时间的增长而降低，因此在一次自清洗结束后，过滤器的压力损失只能恢复到近似初始状态。图 3-24 所示为自清洗过滤器的压力损失随时间的变化曲线，从中可以看出，自清洗恢复压力损失的效果逐渐减小。当自清洗对压力损失的恢复没有影响时或者达到寿命期限时，自清洗过滤器需要被更换，筒形自清洗过滤器的寿命一般为 1~2 年。

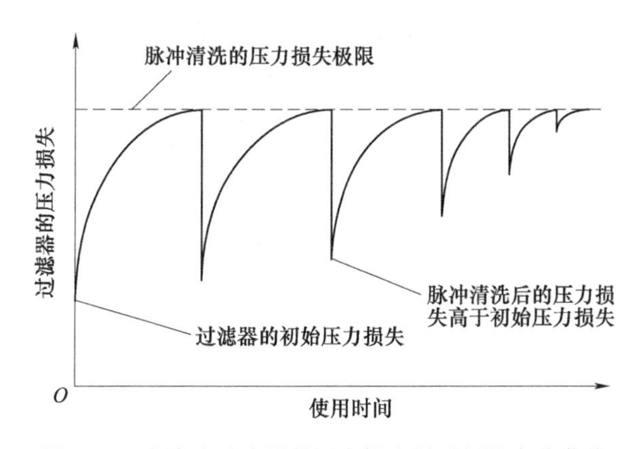

图 3-24 自清洗过滤器的压力损失随时间的变化曲线

自清洗过滤器的过滤介质一般由纤维素、合成纤维或者两种纤维组合构成。滤芯外围的金属丝网用于防止滤芯在自清洗过程中变形，滤芯内部的金属丝网用于防止滤芯在正常操作过程中的变形。

进入自清洗过滤器的脉冲空气的气流速度较低，这有助于防止被清洗的粉尘再次进入主气流。随着表面积尘的增多，自清洗过滤器的过滤效率会增加，这是因为表面积尘减小了空气的流通面积。自清洗功能开启的预设压差值与整个过滤系统的设计和燃气轮机的操作要求有关。

自清洗过滤器的自清洗功能有助于维持过滤器的性能和控制过滤器压力损失，但也有一定的负面作用。自清洗过滤器的过滤机理基于表面负荷，只有当粉尘被拦截在滤芯表面时才会有效，因此，自清洗过滤器在清洁含尘量较高的干燥空气时比较有效，并不适用于中等或小颗粒含量较高的空气。对于含尘量低或者含小颗粒的空气，其中的杂质会进入滤芯内部，这些进入内部的杂质很难被自清洗系统清除；对于含有类似花粉这类黏性杂质的空气，自清洗过滤器的效果也不是非常明显。为了降低这类难清除杂质对自清洗过滤器性能的不利影响，可在滤芯外部包裹滤布，这些滤布不仅能够起到预过滤的作用，而且成本较低，便于更换。

在湿气较高的空气中，自清洗过滤器的压力损失会增大，也会存在其他问题。对于由纤维素制成的滤芯，纤维素遇水会膨胀；有些被拦截的杂质也会遇水膨胀，很难被自清洗清除。另外，带有自清洗功能的过滤系统的购买和建造成本较高，但对于需要频繁维修和更换过滤器的环境，这种高成本是值得的。尽管带有自清洗功能，这类过滤系统同样需要维护，特别是自清洗系统中的辅助零部件，如螺线管、阀门及产生脉冲压缩清洗空气的压缩机等。

3.7.7 油浴式空气过滤器

油浴式空气过滤器（图 3-25）是一种老式过滤器，主要用于滤除空气中某些特殊的杂质。旋转油浴过滤器是利用油膜来捕获灰尘的，同时产生需要用沉降槽或者离心运动清除的泥浆。旋转油浴过滤器所用油的种类取决于需要滤除的粉尘。另外，被过滤后的空气中可能会夹带少量的油雾，当这类过滤器用于燃气轮机进气系统时需要考虑这个问题。油浴轴辊式过滤器中带有一个被油润湿的旋转油垫，空气在油垫表面流过时，灰尘被黏附。这类过滤器的过滤效率容易受一些故障的影响，如停机或者过热导致的油垫干燥、油垫周围泄漏、积水和结冰等。

油浴式空气过滤器工作时，空气从切线方向吸入外筒，沿着内筒进行高速旋转，气流中的尘埃受离心力的作用被分离出来，直接被油吸收。细小的颗粒被气流掀起的油沫所捕捉。

油浴式空气过滤器采用多种除尘方式，包括旋风、油浴、油膜和滤网等。主

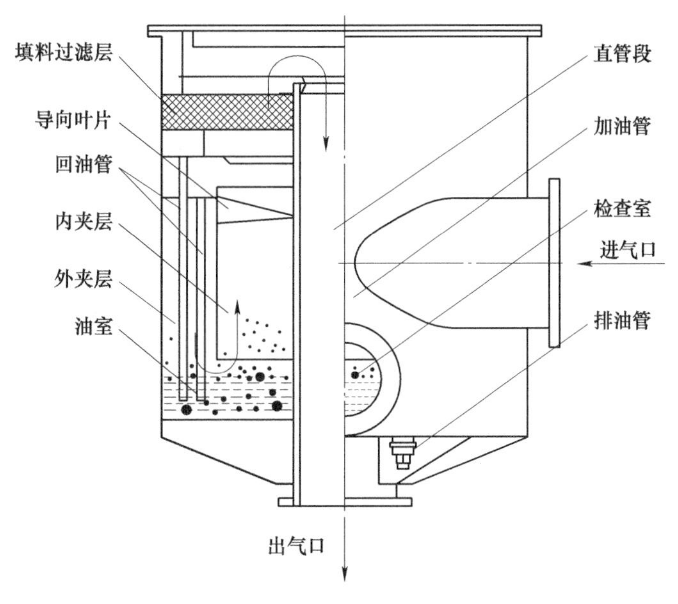

图 3-25 油浴式空气过滤器

要的过滤方式是通过油黏附吸收来捕捉细小颗粒，形成油膜和油气捕捉效应。而二次过滤则采用涂油的金属丝网过滤，其压力损失较小。

油浴式空气过滤器不存在容尘量多少的问题，灰尘几乎全被油捕获吸收，沉淀到筒底，滤芯的初始压降是重型空气过滤器的 1/3，能满足在重尘情况下使用的机械设备。

油浴式空气过滤器采用油膜捕捉过滤、油浴和滤网阻尼与分格等方式，能够有效延长油气分离滤芯、轴承和转子的使用寿命。因此，进气品质较差时，故障率也会随之降低。此外，其维护保养工作简便，只需要定期更换油液，因此使用周期也相对较长。

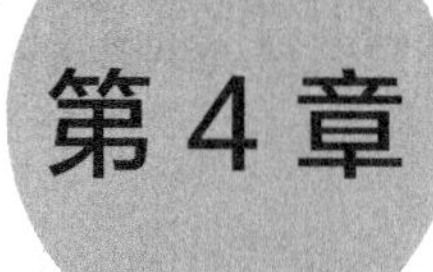

燃气轮机过滤器性能测试

过滤器性能测试结果是选择燃气轮机进气过滤系统的重要参考。性能测试结果提供了关于过滤效率、压力损失、污染物种类、颗粒尺寸及容尘能力等相关信息。一些标准还提供了关于过滤器分级的方法。过滤器性能测试试验是在特定环境中完成的，测试结果与试验工况紧密相关。因此，在对比不同过滤器时要注意试验中所用气溶胶尺寸、种类，试验空气的流速、湿度和温度等参数。

有 4 种不同标准可用于确定燃气轮机过滤器的性能，尽管这些标准是为暖通空调（Heating Ventilation and Air Conditioning，HVAC）开发的，也适用于燃气轮机。这些标准包括美国标准 ASHRAE 52. 2：2007、欧洲标准 EN 779：2002 和 EN 1822：2009，每种标准中的测试方法和测试结果是不同的。本章叙述了各标准中关于过滤器性能测试的具体细节，同时讨论了各种方法的优缺点和适用性。由于这些标准最初是为 HVAC 开发的，因此并没有考虑盐分和水分这两类影响因素。

4.1 气动性能测试

气动性能测试用以测量动压值 Δp_v、风洞的质量流量 m、百叶窗的压力损失（Δp_b）、过滤装置的压力损失（Δp_l）、消声装置的压力损失（Δp_x）、进气系统总体压力损失（Δp_j）、阻力系数 ξ_i，利用动压值 Δp_v 数据通过公式推导出截面 F 的平均流速，再根据空气密度和截面 F 的通流面积，推导出风洞的质量流量。由总压求出百叶窗、过滤装置、消声装置、进气系统总体的压力损失，最后根据各设备在设计工况下的压力损失（Δp_i）和流速（v_i），进而求出设备的阻力系数。

燃气轮机进气系统设备很多，结构复杂，涉及多个学科和功能要求，但其中最核心的研究重点是过滤性能和气动性能。

4.1.1 试验台

可采用的过滤器气动性能测试试验装置如图 4-1 所示，主要包括系统调试基础风洞、功能调试单元和数据采集系统等。其中，进气测试系统作为试验装置安装在截面 A 至截面 F 之间的不同部位，主要包括百叶窗、进气过滤器和进气消声器等。试验过程中涉及的功能模块如下：

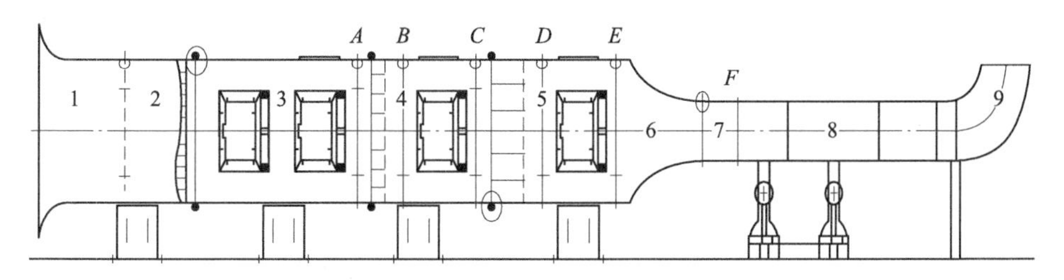

图 4-1　过滤器气动性能测试试验装置

1—进口导流段　2—进口整流格栅段　3—盐雾喷射与掺混段　4、5—进气系统性能测试段　6—结构收缩段　7—风洞流量测试段　8—风源系统　9—排气段

（1）进气系统性能测试段（部件 4、5）　在进行气动性能测试时，在进气系统性能测试段加装试验件，并在试验件前后安装皮托管探针（获得来流总压、静压和试验件后总压、静压，从而计算试验件前后流速，并获得试验件压力损失特性）。

（2）结构收缩段（部件 6）　试验段（截面 A 至截面 F）尺寸较大，而用作风源的风机进风面积较小，所以需要通过结构收缩实现两者的连接。为减少由几何结构造成的气动损失，采用维托辛斯基曲线作为收缩型线，完成了试验风洞向轴流风机的结构收缩。另外，若进行进气消声器的性能试验，需要将消声器试验件装入结构收缩段与风洞流量测试段之间（部件 6 与 7 之间）。消声器为阻性消声器，其内部的隔板结构将消声器划分为气流可流通部分及装有吸声材料的气流不可流通部分。

（3）风洞流量（流速）测试段（部件 7）　风洞流量（流速）测试段的主要作用在于测试风洞流量（流速）。考虑到风洞面积较大，来流速度较低且在整个截面分布不均匀，出于对流速、流量测试精度的考虑，选取面积收缩之后的位置作为测试位置，从而提高流速、流量的测量精度。

（4）风源系统（部件 8）　风源系统主要由轴流引风机和变频调速系统组成，引风机采用变频器进行流量调节，变频器可通过现场电位器手动调整或由计算机自动调整。

4.1.2　试验结果

在测量过程中，根据测量截面的不同通流面积选定合理测点布置方案。采用电子压力扫描阀采集截面 F 中的 13 点皮托管阵列的总压和静压数据，从而得到该截面的平均动压值，利用公式推导出截面 F 的平均流速，再根据空气密度和截面 F 的通流面积，推导出风洞的质量流量，过程如下：

1）测定大气压力和温度，求出空气密度ρ_k。

$$\rho_k = 1.296 \times \frac{p_0}{101325} \times \frac{273}{273 + t_0} \tag{4-1}$$

式中，p_0为实测大气压力（Pa）；t_0为实测大气温度（℃）。

2）由截面F中的13点皮托管阵列的总压和静压数据求出动压值Δp_v（图4-2）。

$$\Delta p_v = \frac{\sum_{i=1}^{13}(p_{Fzi} - p_{Fji})}{13} \tag{4-2}$$

式中，p_{Fzi}为截面F第i点总压（Pa）；p_{Fji}为截面F第i点静压（Pa）。

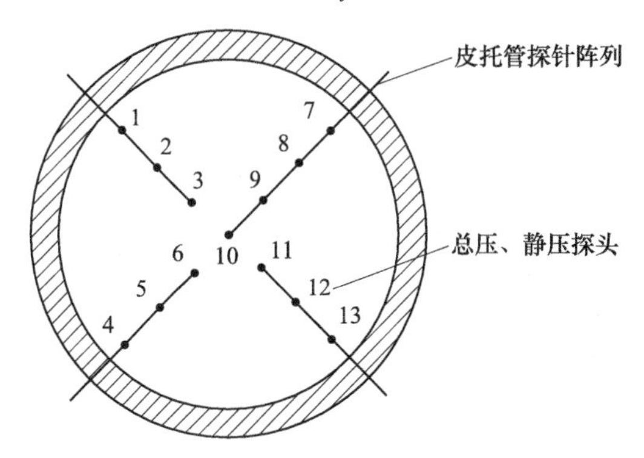

图4-2　截面F压力测点布置

3）由截面F动压值（Δp_v）、截面F的面积（S_F）和空气密度（ρ_k）求得风洞的质量流量。

$$m = \rho_k \sqrt{\frac{2\Delta p_v S_F}{\rho_k}} \tag{4-3}$$

式中，m为设计工况下风洞流量。求得m=7.15kg/s。

同理，在设计工况流量下，利用电子压力扫描阀采集百叶窗、过滤器和消声器前后多点压力探头阵列的总压数据，从而得到各设备前后截面的平均总压值。图4-3所示为各截面压力测点布置。

4）计算百叶窗的压力损失（Δp_b）。

$$\Delta p_b = \frac{\sum_{i=1}^{n}(p_{Azi} - p_{Bzi})}{n} \tag{4-4}$$

式中，p_{Azi}为截面A第i点总压（Pa）；p_{Bzi}为截面B第i点总压（Pa）。

5）计算过滤器的压力损失（Δp_1）。

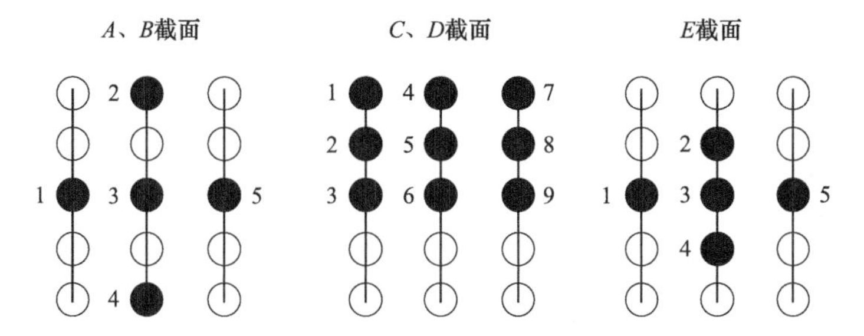

图 4-3　各截面压力测点布置

●—试验中采用测试点　○—试验中未采用测试点

$$\Delta p_1 = \frac{1}{n}\sum_{i=1}^{n} p_{Czi} - \frac{1}{13}\sum_{i=1}^{13} p_{Dzi} \tag{4-5}$$

式中，p_{Czi}为截面 C 第 i 点总压（Pa）；p_{Dzi}为截面 D 第 i 点总压（Pa）。

6）计算消声器的压力损失（Δp_x）。

$$\Delta p_x = \frac{1}{n}\sum_{i=1}^{n} p_{Ezi} - \frac{1}{13}\sum_{i=1}^{13} p_{Fzi} \tag{4-6}$$

式中，p_{Ezi}为截面 E 第 i 点总压（Pa）；p_{Fzi}为截面 F 第 i 点总压（Pa）。

7）计算进气系统总体压力损失（Δp_j）。

$$\Delta p_j = \frac{1}{n}\sum_{i=1}^{n} p_{Azi} - \frac{1}{13}\sum_{i=1}^{13} p_{Fzi} \tag{4-7}$$

根据各设备的通流面积 S'和模拟工况下流量值 Q_i，得到通过各设备的流速。

$$v_i = \frac{Q_i}{S'} \tag{4-8}$$

根据各设备在设计工况下的压力损失（Δp_i）和流速（v_i），求设备的阻力系数为

$$\xi_i = \frac{2\Delta p_i}{\rho_k v_i^2} \tag{4-9}$$

4.2　除水性能试验

进气过滤器耐湿性能定义为过滤器在水雾胁迫进气条件下的耐受性，主要表征为阻力随时间的变化。该性能取决于过滤材料、制造工艺和结构，而与过滤器阻力、效率和容尘量没有直接关系。

可采用的过滤器耐湿性能测试试验装置，如图 4-4 所示。试验台中主要包含空气进气室、雾化装置、湿空气预混室、待测过滤器管段及轴流风机。整套试验

装置采用负压进气。为了保证水雾与空气充分快速混合，喷嘴喷雾方向与干空气气流方向相反。雾化装置包含洁净水系统、高压水泵、雾化喷嘴、温湿度传感器及控制系统。试验台可实现一般通风性能的测试和过滤器耐湿测试。通过比较上下游湿度即可得到过滤器耐湿性能。

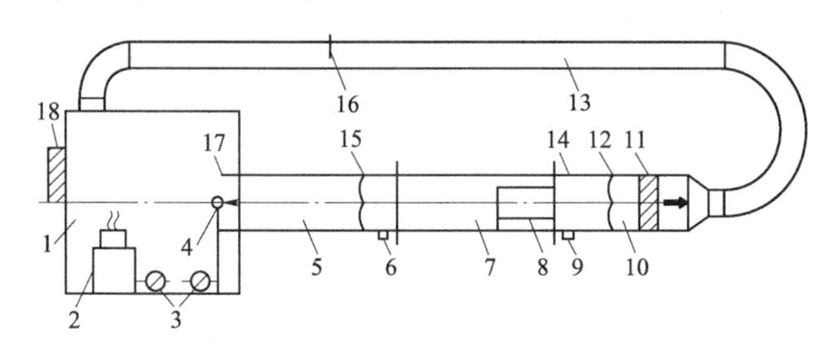

图 4-4　过滤器耐湿性能测试试验装置

1—试验台静压间　2—加湿装置　3—水量计量装置　4—喷水雾装置　5—试验台上游管段　6—上游集水槽　7—受试过滤器安装管段　8—受试过滤器　9—下游集水槽　10—试验台下游管段　11—末端除水器　12—下游压力测点　13—试验台回风管段　14—下游温湿度测量点　15—上游压力测点　16—风量测点　17—上游温湿度测量点　18—高效过滤器

4.3　除沙性能试验

当前，燃气轮机进气过滤器效率、阻力和容尘量等常规性能评价没有专用的测试方法和标准，国内外主机和进气设备制造商默认参考一般通风用空气过滤器相关测试标准，包括我国国家标准 GB/T 14295—2019、欧洲标准 EN 779：2002、美国标准 ASHRAE 52. 2：2007 和国际标准 ISO 16890：2016。

4.4　除微性能试验

过滤作为过滤器的第一属性，其实际过滤效率为净化大气中各类污染物的能力。过滤效率决定了进入压气机的空气质量。试验条件下一般采用计重法和计数法测试过滤效率。计重法尘源为大粒径、高浓度粉尘，计算到达一定阻力下的截留灰尘量。计数法采用氯化钾（KCl）固态或葵二酸二异辛酯（Di-2-Ethylhexyl Sebacate，DEHS）液态气溶胶颗粒，计算对某范围粒径颗粒物的拦截数。过滤器的典型效率值是在规定粒径范围内，试验各阶段瞬时效率依发尘量的加权平均值。

4.4.1　美国标准 ASHRAE 52. 2：2007

1999 年，美国采暖、制冷与空调工程师协会（American Society of Heating,

Refrigerating and Air-Conditioning Engineers，ASHRAE）颁布了一项新的空气过滤器性能测试标准 ASHRAE 52.2：1999《一般通风用空气洁净设备分级粒径效率测试方法》。当时，工程师们急需一种测定高效空气过滤器基于粒径的过滤效率的测试方法。为了满足这种需求，美国采暖、制冷与空调工程师协会的相关研究得到了资助，并根据研究结果颁布了 ASHRAE 52.2：2007 标准。这个标准旨在测定过滤器的粒径效率和压力损失，并根据最低效率报告值对过滤器进行分级。

ASHRAE 52.2：2007 中的测试方法侧重分析粒径对过滤效率的影响，粒径档分为 0.3~1μm、1~3μm 和 3~10μm。因此，只要能够滤除这些粒径范围内的杂质，任何形式的过滤器都可以根据这个标准进行测试。该标准并不适用于电子过滤器，因为 ASHRAE 52.2：2007 中的负荷尘为导电碳，这会引起电子过滤器短路，从而降低或消除电子过滤器的过滤能力。此外，对于依靠静电效应的过滤器，如果在测试过程中电荷保留在过滤器上，而实际操作中电荷消失，则测试效率和实际操作效率之间会存在偏差。因此，如果条件允许，应在无静电电荷的情况下对依靠静电效应的过滤器进行测试。

该标准阐述了两个至关重要的空气过滤器的性能特征：装置从气流中去除颗粒的能力及它对气流的阻力。空气过滤器测试在气流速度为 $0.22m^3/s \sim 1.4m^3/s$ 的情况下进行。来自一般通风系统的空气样本包含尺寸范围广泛的颗粒，这些颗粒具有不同的影响，有时取决于颗粒大小。例如，粗颗粒覆盖传热表面时会造成能量浪费，细颗粒会导致脏污和变色，以及可能对人类产生健康影响。当根据该标准测试和报告空气过滤器的效率时，就有了针对具体任务进行比较和选择的基础。该标准还规定了进行试验所需设备的性能，定义了计算和报告试验数据结果的方法，并建立了适用于该标准涵盖的空气过滤设备的最低效率报告系统。

1. 试验台

ASHRAE 52.2：2007 的试验台由很多设备组成，以便更好地控制试验空气的条件。试验空气的流速为 $13.4 \sim 85m^3/min$。试验风道可为直线形或 U 形，与直线形风道相比，U 形风道占地面积较小，如图 4-5 所示。

按照 ASHRAE 52.2：2007 标准，试验风道应处于正压环境，因此风机的排风口应位于试验风道的入口侧，如图 4-5 中的箭头所示。为了保证试验空气的质量，一般采用室内空气或循环空气，并在试验风道的上游安装高效过滤器，以滤除试验空气中任何会导致测试结果异常的杂质。试验空气的温度须控制在 10~38℃，相对湿度须控制在 20%~65%。此外，如果试验空气循环利用，则应在试验风道的出口侧安装高效过滤器。

ASHRAE 52.2：2007 中的尘源分为两类，其中一类是由 72%的细亚利桑尘、23%的炭黑和 5%的短绵柔组成的 ASHRAE 负荷尘。试验过程中，这类负荷尘可用于改变过滤器的负载状况。被试过滤器前的复合孔扩散板将负荷尘均匀分布在

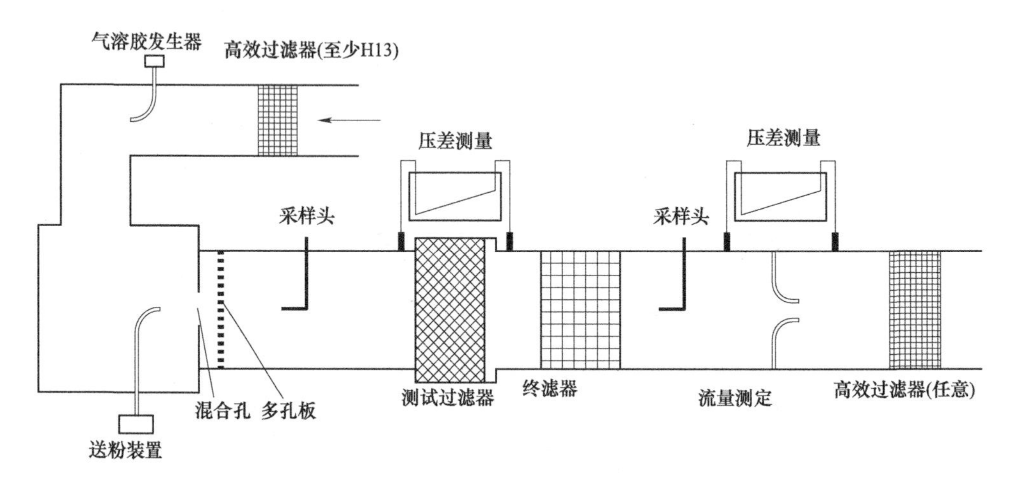

图 4-5　U 形风道试验台

试验空气中。单次测试中，通过 5 次发尘来模拟过滤器在预期寿命期内的实际加载过程。5 次发尘分别为试验开始前，过滤器的压力损失达到最终压力损失的 25%、50%、75%和 100%时。

试验过程中需要测量过滤器的容尘量。本书 3.3 节讨论了过滤效率的几种定义，为了避免混淆，ASHRAE 52.2：2007 使用捕获尘质量效率来代指计重效率。捕获尘质量的定义是：试验空气经过被试过滤器后，被捕获的人工负荷尘的质量。捕获尘质量与试验空气经过被试过滤器前后的含尘质量变化有关，根据式（4-10）计算。式中，$A_{52.2}$为捕获尘质量；W_d 为被过滤后的试验空气中人工负荷尘的质量，等于被试过滤器下游的所有过滤器的捕获尘质量之和，在图 4-5 中，下游过滤器包括末级过滤器和出口处的高效过滤器；W_u 为发尘质量（试验空气中人工尘的初始质量）。

$$A_{52.2} = 100 \times \left(1 - \frac{W_d}{W_u}\right) \tag{4-10}$$

过滤器的捕获尘质量效率（计重效率）与分级粒径效率无关。如图 4-5 所示，被试过滤器下游要安装末级过滤器，要求该末级过滤器必须能够捕获试验空气中 98%的灰尘。试验过程中，应关闭气溶胶发生器，并封堵采样头来防止阻塞。

ASHRAE 52.2：2007 中的另一类负荷尘为多分散相固体 KCl 颗粒。这种气溶胶中的粒径在 0.3~10μm，粒径分布如图 4-6 所示，且试验中所用气溶胶的实际粒径分布与气溶胶发生器有关。这类气溶胶易于生产、成本低、资源丰富，并且有益于健康。

氯化钾气溶胶主要用于测定过滤器的分级粒径效率。试验期间，过滤器的分

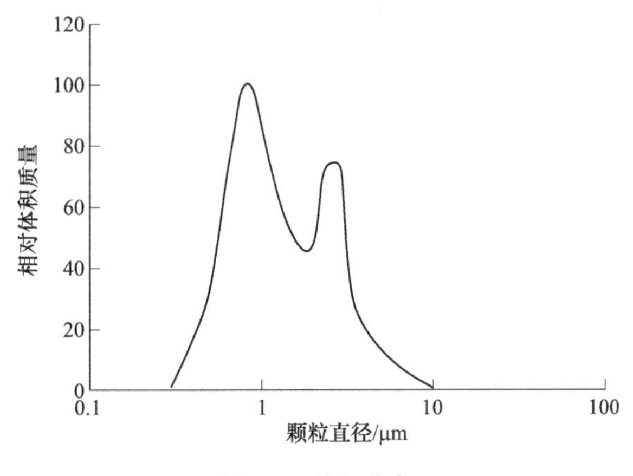

图 4-6 粒径分布

级粒径效率须在每两次发尘之间的间歇内测定。分级粒径效率测定过程中使用的试验气溶胶来自图 4-5 中所示的气溶胶发生器，须用复合孔扩散板（多孔板）将负荷尘均匀分布在试验风道中。分级粒径效率测定过程中不需要末级过滤器。分级粒径效率根据被试过滤器上下游试验空气中气溶胶浓度差确定，用粒子计数器统计上下游气溶胶在 12 个粒径档内的粒径和粒子数。图 4-5 中所示的采样头用于收集并输送气溶胶样本到粒子计数器。值得注意的是，在分级粒径效率测试期间，并没有 ASHRAE 负荷尘被释放到试验风道中，而只有 KCl 气溶胶。

根据 ASHRAE 52. 2：2007 标准，测试过滤器过程中，须使用几种高灵敏测量装置。在试验开始前须对这些测量装置进行标定，以确保测量误差在可接受范围内，从而尽量减小最终试验结果的误差。根据 ASHRAE 52. 2：2007 要求，在搭建试验台过程中要完成一些合格鉴定试验，包括：风速均匀性试验、气溶胶均匀性试验、下游气溶胶混合试验、粒子计数器过载试验、100%效率试验、相关性试验、气溶胶发生器响应时间试验、管道泄漏试验、粒子计数器零点试验、粒子计数器精度试验、气溶胶中和剂放射性试验、发尘器流量和末级过滤器效率试验。ASHRAE 52. 2：2007 提供了这些试验的试验方法和结果评估标准。

2. 试验

根据 ASHRAE 52. 2：2007 标准进行试验时，要在特定的试验空气流速下（13. 4~85m^3/min）使过滤器的压力损失达到规定值。否则，应控制试验空气的面速度为 13. 92m^3/min，并使过滤器的最终压力损失达到 350Pa。整个试验过程中的气流速度必须保持一致。另外，在试验前，应测定过滤器在 50%、75%、100%和 125%额定空气流速下的压力损失。

需要在 6 个不同的时间点测定过滤器的捕获尘质量效率和分级粒径效率：容尘试验前测定初始效率和初阻力；初始 30g 发尘后或压力损失增加到 10Pa（以

先到者为准）；过滤器压力损失分别达到最终压力损失的1/4、1/2、3/4；过滤器满负荷或达到最终压力损失时。以下为各容尘阶段后的测量时间表：

1）第1次测量：初始效率和初阻力。

2）第1次发尘：发尘量达到30g或压力损失从初始值增加到10Pa（以先到者为准）。

3）第2次测量。

4）第2次发尘：被试过滤器压力损失达到最终压力损失的1/4。

5）第3次测量。

6）第3次发尘：被试过滤器压力损失达到最终压力损失的2/4。

7）第4次测量。

8）第4次发尘：被试过滤器压力损失达到最终压力损失的3/4。

9）第5次测量。

10）第5次发尘：被试过滤器压力损失达到最终压力损失。

11）第6次测量。

3. 试验结果

过滤器的捕获尘质量根据式（4-10）计算得到。用氯化钾气溶胶测定过滤器在不同容尘阶段，12个粒径档内的分级粒径效率。气溶胶透过率根据式（4-11）计算。

$$P_{52.2} = \frac{\text{下游颗粒浓度}}{\text{上游颗粒浓度}} \tag{4-11}$$

在测定被试过滤器的分级粒径效率前，要标定被试过滤器上下游的粒子计数器，以确保计数器计数准确。标定方法为：在安装被试过滤器前，在上下游的同一采样位置，检查计数器测量结果是否与试验气溶胶中的实际粒子含量相等。标定完成后，假设标定后的气溶胶透过率为$\overline{P}_{52.2}$，则过滤器的分级粒径效率根据式（4-12）计算。

$$\text{PSE} = (1 - \overline{P}_{52.2}) \times 100\% \tag{4-12}$$

尽管测量了过滤器在12个粒径档内的分级粒径效率，但最终报告仅提供3个粒径档的分级粒径效率：0.3~1μm、1~3μm和3~10μm。3个粒径范围分别被定义为：E_1(0.3~1μm)、E_2(1~3μm）和E_3（3~10μm)。最终报告中的过滤效率为6次测定中的最低值。图4-7给出了最低效率的确定方法。图4-7中包括了3个粒径范围内，6次测量的分级粒径效率，图中的3个大圆点代表最低分级粒径效率。

根据测定的最低分级粒径效率、捕获尘质量及最终压力损失来计算过滤器的最低效率报告值（MERV)。在ASHRAE 52.2：2007标准中，过滤器的最低效率报告值被划分为16个等级。图4-7中所示的测试结果仅提供了10个等级的

MERV。本书 3.3 节的表 3-1 列出了 ASHRAE 52.2：2007 标准中 16 个等级的 MERV。这些 MERV 仅提供了关于过滤器分级粒径效率的相关信息，与过滤器的容尘能力、寿命及在潮湿环境中的操作无关。

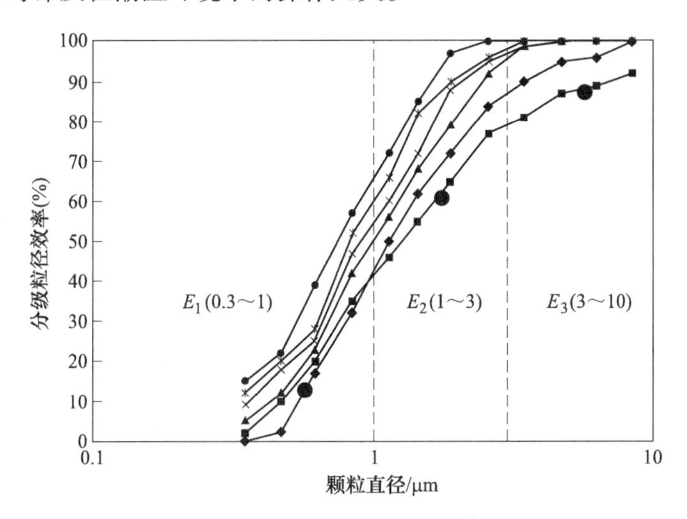

图 4-7　分级粒径效率与颗粒直径的关系

4.4.2　欧洲标准 EN 779：2002

欧洲有两种空气过滤器性能测定标准——EN 779：2002 和 EN 1822：2009。EN 779：2002 规定了粗效和中效过滤器（包括 G 和 F 类过滤器）过滤性能测定的试验方法和试验台。该标准规定的试验过程由 EN 779：1993 和 Eurovent 4/9：1997 发展而来，保留了 EN 779：1993 中试验台的基本设计，但摒弃了测量大气气溶胶不透明度的“比色法”试验装置。该标准采用 DEHS 气溶胶（或等效物质），气溶胶在被试过滤器上游风道均匀分散，利用光学粒子计数器（Optical Particle Counter，OPC）分析上、下游有代表性的气样，得出过滤器粒径效率数据。该标准适用于对 0.4μm 粒子的初始过滤效率低于 98% 的空气过滤器，规定的试验方法用于测定空气过滤器的平均效率和平均计重效率。按该标准获得的性能试验结果，仅用于过滤器的分级和对比，不能用于定量地预测过滤器的使用性能，如使用中的过滤效率和使用寿命。该标准还介绍了需要考虑的其他影响过滤器性能的因素。

1. 试验台

EN 779：2002 中的试验台如图 4-8 所示，试验目的是测定过滤器的平均效率和平均计重效率。试验条件是室内、室外空气均可用作试验空气源，相对湿度应小于 75%。排风可排放至室内、室外，也可循环使用。某些测量设备可能对试验空气的温度有限制。当排风中存在试验气溶胶和负荷尘时，建议对排风进行过滤。空气过滤器试验中使用两种人工气溶胶，细气溶胶用于测量 0.2~3.0μm 范围内过滤效率依粒径的变化规律，粗气溶胶用于测量粗效过滤器过滤效率的负荷尘（计重效率）以获得容尘量信息。标准中也介绍了一些潜在问题，例如，一些新过滤器可能带有静电效应，此时过滤器的效率较高，但随着运行时间的增加，电荷可能被中和，致使过滤性能下降。因此，标准建议，对于依靠静电效应的过滤器，应分别测定过滤器在有无静电效应下的效率。

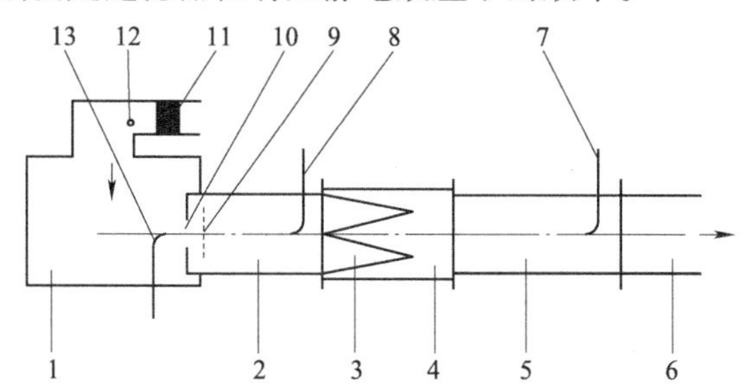

图 4-8　EN 779：2002 标准中的试验台

1、2、5、6—试验台管段　3—被试过滤器　4—含被试过滤器的管段　7—下游采样头　8—上游采样头　9—多孔板　10—混合孔板　11—HEPA 过滤器（至少 H13 级）　12—DEHS 粒子注入点　13—负荷尘注入口

试验台（图 4-8）包含几截方形风道管段，除安装过滤器的管段外，其他管段的内径均为 610mm×610mm。安装过滤器的管段内径为 616~622mm；该管段的最小长度为 1m，且至少为过滤器长度的 1.1 倍。

风道材料应导电并接地，应具有光滑的内表面，且具有足够的刚度，以保证在工作压力下不变形。试验风道中的个别部位可采用玻璃和塑料材料，以便观察过滤器或设备。有必要设置监视试验过程的观察窗。

效率试验的气溶胶在管段 1 中均匀分散和混合，在过滤器上游形成均匀的浓度场，管段 1 的上游设置 HEPA 过滤器。

管段 2 包括上游区混合孔板 10，其中心为发尘器的粉尘喷嘴。发尘器下游多孔板的作用是使粉尘均匀分散。该管段的末端为上游气溶胶采样头。进行计重效率试验时，应封堵或移出该采样头。为避免湍流，进行效率试验时应移出混合孔板和多孔板。为避免系统误差，建议测量过滤器阻力时也将这些部件移出。

管段 5 用于计重效率和过滤效率两者的测定。计重效率试验时在管段中安装末级过滤器，效率试验时安装下游采样头。试验台中也可以制作两个管段 5，一个用于计重效率试验，另一个用于计数效率试验。

试验台可以在正压或负压下运行。正压运行时（风机在试验台上游），试验气溶胶及负荷尘可能会渗出至试验室，而负压运行时粒子可能会渗入试验系统而干扰计数测量。被试过滤器的压降测量采用静压采样口，在风道周边引出 4 个测点，用环形管连通。管段 6 配有标准风量测量装置。若采用其他风量测量装置，该段可缩短。

EN 779：2002 标准中的试验台（图 4-8）安装了一些 ASHRAE 52.2：2007 中使用过的设备。对试验空气源的温度没有要求，但需要考虑某些测量设备的温度限制。如果排风排放至室内或循环使用，建议在试验风道的出口端选择性地安装 HEPA 过滤器。

EN 779：2002 使用了两种人工气溶胶。其中一种是未经稀释或处理的 DEHS 试验气溶胶。这种气溶胶用于测定过滤器针对 0.2~3μm 范围内粒子的分级粒径效率。DEHS 是一种雾化液滴状态的中性试验气溶胶，因此，无论被试过滤器是否有静电效应，均可直接被注入试验台。用光学粒子计数器测定球形液体气溶胶的粒径比测定固体非球形气溶胶的粒径更准确。气溶胶发生器安装在入口 HEPA 过滤器之后，试验风道上游的中心位置。

规定使用的试验气溶胶为未经稀释或处理的 DEHS。试验也可采用其他被证实具备同等性能的气溶胶。由 Laskin 喷嘴产生的 DEHS 试验气溶胶广泛用于 HEPA 和 ULPA 过滤器的性能试验。图 4-9 给出一个气溶胶发生系统的实例。系统包括盛装 DEHS 的小容器和 Laskin 喷嘴。注入的无尘压缩空气通过 Laskin 喷嘴产生气溶胶，然后将雾化的液滴直接注入试验台。根据试验风量和所需的气溶胶浓度调整喷嘴的气压和风量。例如，试验风量为 0.944m^3/s 时，气压约为 17kPa，喷嘴风量约为 0.39dm^3/s(1.4m^3/h)。

也可以采用能产生 0.2~3.0μm 的足够浓度粒子的任何其他发生器。法国标准 NF X 44-060 中规定了一种发生器，包括两个压力容器和一个利用压缩空气的声学雾化器。试验前应调整上游粒子浓度，使之为稳态，并使粒子浓度低于粒子计数器允许的重叠误差水平。

EN 779：2002 使用光学粒子计数器测量粒子浓度和光学等效粒径，其粒径测量范围为 0.2~3μm，计数器在该粒径范围至少含 5 个粒径档，各粒径档边界应近似对数等距。管道中的试验气溶胶通过采样管和采样头被输送到光学粒子计数器中。设置采样管是为了将试验风道、气溶胶运输管道和粒子计数器中的粒子损失降到最低。若在上游和下游设置相似的损失条件，可以使两侧的粒子损失接近相等，从而减少因为粒子损失不均匀而导致的测量结果偏差。在进行过滤器效率测量试验时，应摘除采样头或将它封堵。

用光学粒子计数器测量粒子浓度和光学等效粒径，所显示的粒径与计数器的标定有很大关系。为避免不同计数器之间的空气动力学、光学及电子系统差异的影响，过滤器的上、下游的测量应使用同一仪器。

应在初始系统启动前标定计数器，之后定期标定，每年至少标定一次。计数器应有有效的标定证书。计数器的标定由光学粒子计数器制造商或其他任何具备类似资质的组织进行，标定活动应按照已有的标准方法（如 IEST-RP-CC013.3、

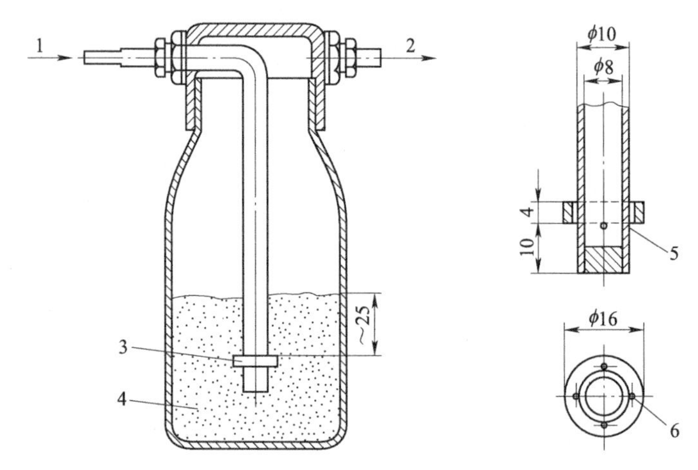

图 4-9　气溶胶发生系统

1—无尘空气（压强约 17kPa）　2—供给试验台的气溶胶　3—Laskin 喷嘴
4—试验气溶胶物质（如 DEHS）　5—4 个 ϕ1.0mm 的孔，孔的上部边缘刚好接触环套的底部
6—4 个 ϕ2.0mm 的孔，紧靠管壁，中心线与径向孔相交

ASTM-F328-98、ASTM-F649），采用单分散、各向同性、折射率为 1.59 的聚苯乙烯乳胶球进行。至少对计数器上分布于 0.2~3.0μm 的 3 个通道进行标定，其中包括含有 0.2μm 和 3.0μm 的 2 个通道。

每次试验时，检查上游试验气溶胶的分布，可以显示计数器是否需要标定。有一种快速检查标定状况的方法：根据计数器制造商的建议，采用不同粒径的固态气溶胶，观察计数器上对应粒径通道的表现。观察时，要特别注意计数器的最小和最大粒径通道。该标准特别建议采用此方法。

光学粒子计数器采样风量的标定应按已有的标准方法（如 IEST-RP-CC013.3），将风量标定到计数器额定风量的 95%~105%范围内。

另一种人工气溶胶是负荷尘，用于测量粗效过滤器的容尘量和计重效率。粗效过滤器（G 级）使用 ASHRAE 52.2 负荷尘；中效过滤器（F 级）使用 ISO 12103-1 负荷尘，这种负荷尘主要由 1~80μm 的硅粒组成。负荷尘由发尘器发出，经过混合孔板和多孔板后均匀分布在试验管道中，最后到达被试过滤器表面。试验风道的下游安装末级过滤器。对末级过滤器的类型没有特殊规定，但在一个试验循环中，应至少能留住 98%的负荷尘。因湿度等因素的影响造成的质量增加或减少应不超过 1g。

伴随着标准粉尘在过滤器上逐渐积累，测量由此导致的阻力和效率变化。对每个粉尘增量称重，称重精确到±0.1g，然后置于粉尘盘中，粉尘以 70mg/m^3 的浓度送往过滤器，直到过滤器阻力达到预定的阶段终阻力值。每个阶段发尘后都要测量计重效率和计数效率。对那些已知平均效率低于 40%的过滤器，只需测量计重效率。

停止发尘前，将发尘器盘上的所有残留粉尘刷入吸尘管，吸尘管将粉尘送入风道气流。振荡或轻敲发尘器管道 30s。若在发尘器运行到一半时停止发尘，通过对滞留粉尘称重，也可估计出吹向过滤器的发尘量。当风机仍在运转时，使用压缩空气吹扫上游风道积存的人工尘，喷射气流不应正对被试过滤器。

停止试验，对末级过滤器重新称重（至少精确到 0.5g），以确定所收集的人工尘质量，计算计重效率。用细毛刷收集被试过滤器与末级过滤器之间风道中的所有积尘，将其计入末级过滤器的质量。

容尘试验前测定初始效率和初阻力，初次发尘 30g 后，以及至少 4 次大致相等的发尘后，测定效率、阻力和计重效率。通过最初的发尘 30g 计算初始计重效率，而后的发尘试验给出自初阻力至终阻力的平滑的计数效率和计重效率曲线。表 4-1 所列为容尘试验需要测定的参数。

表 4-1　容尘试验需要测定的参数

阶段	需要测定的参数			
	计数效率	计重效率	容尘量	阻力
初始，发尘之前	是	否	否	是
发尘 30g 后（首次发尘得出初始计重效率）	是	是	否	是
每次中间发尘之后	是	是	否	是
最后一次发尘之后（达到终阻力）	是	是	是	是

在靠近 100Pa、150Pa、250Pa、450Pa 的阻力点测量效率和阻力数值，可以得出平滑曲线，但很难预估刚好达到那些点的发尘量。对于初阻力低或阻力随容尘量增加缓慢的过滤器，容尘的初期阶段需要增加一个或多个测点，其他过滤器在容尘的最后阶段需要一个额外测点，以便使测点平均分布。

通过图表，利用线性插值，确定规定终阻力下的容尘量、平均效率和计重效率的数值。

上游采样头之后是被试过滤器，只要尺寸合适，任何类型的被试过滤器都可以安装在该试验台上。ASHRAE 52.2：2007 推荐使用压差计测量被试过滤器前后的压差，而 EN 779：2002 中并没有规定压差测量设备，但对压差测量精度提出了要求。0~70Pa 的压差范围内测量误差不超过 2Pa；高出该范围的压差，测量误差不能超过测量值的±3%。

试验台的最后一项是流量测量装置，利用 EN ISO 5167-1：2022(en) 规定的标准流量测量装置进行风量测量，具体形式有孔板、喷嘴和文丘里管。

试验台可以在正压或负压下运行，这表明风机既可以安装在试验台的上游，也可以安装在试验台的下游，无论采用何种安装，试验气溶胶及负荷尘都可能会渗漏。因此无论在何种情况下，均应尽量减小粒子的泄漏量。

在搭建试验台过程中要完成一些设备的合格鉴定试验：风道中风速的均匀性试验；风道中气溶胶的均匀性试验；粒子计数器的粒径精确度试验；粒子计数器归零试验；粒子计数器过载试验；100%效率试验；零效率试验；气溶胶发生器响应时间试验；压力测量设备的标定；压降检查；发尘器风量检查；中和器检查。EN 779：2002 中给出了这些鉴定试验的试验程序和准则，还给出了试验台维护要求和合格鉴定的间隔时间，一些合格鉴定试验需要逐年逐月完成。

2. 试验过程

EN 779：2002 标准中共包括 4 项试验。首先是过滤器的初始压降测量试验。在进行这项试验时，建议将试验风道中的任何会引起压力降低的设备拆除，如气溶胶发生器、发尘器、混合孔板、采样头和末级过滤器，但是要保留上下游的 HEPA 过滤器，以防止环境中的杂质进入试验风道。需要测量过滤器在 50%、75%、100%和 125%额定风量下的初始压降。本试验确保压降读数设备、仪器管路等的渗漏对风量或压降测量的准确度无明显影响。本试验使用已标定的装置。仔细密封试验风道中的压力采样点，断开测量压降的仪表，使管路承受持续的 5000Pa 负压。用这种方式检查所有采样管（见图 4-10），试验期间不允许出现任何压力变化。根据仪器的技术要求，在所允许的压力下对压降测量设备进行最大压力试验。相继进行正压和负压试验，两种试验中均不允许出现任何压力变化。此外，可在 $0.5m^3/s$、$0.75m^3/s$、$1.0m^3/s$、$1.25m^3/s$ 风量下采用阻力已知的多孔板（或其他参照物）定期检查压降测量系统。

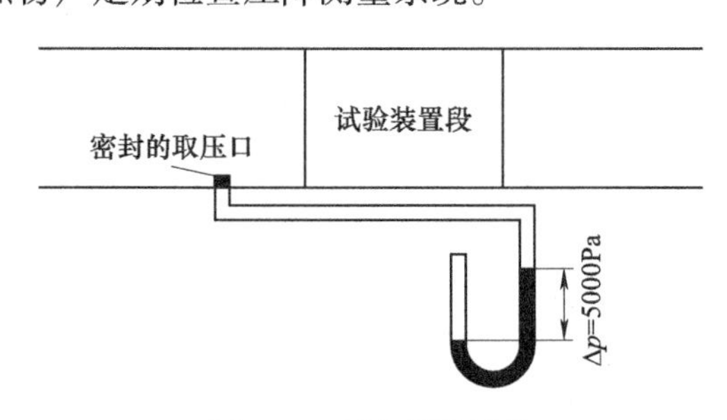

图 4-10　压力管路试验

其次是检查过滤是否有静电效应，这需要在试验开始前完成。试验的具体细节可参考相应标准的附录部分。

依靠静电效应，某些滤材在低气流阻力下具有高效率。当滤材暴露于某些环境时，如燃烧生成的粒子或油雾中，滤材的电荷可能被中和，致使过滤器过滤性能下降。重要的是，要让用户意识到，过滤器使用期间有可能因滤材电荷丧失导致性能下降。试验用于判定过滤效率是否依赖于静电机理，并将静电机理对过滤的贡献进行量化。具体方法是，测定未经处理滤材的过滤效率，再测定消除静电后滤材的过滤效率。

最后两项试验分别是测量过滤器的分级粒径效率和计重效率，这两项试验往往一起进行，试验顺序与 ASHRAE 52.2：2007 中的非常类似。每次发尘后都要测定计重效率。达到下一阻力水平后，从试验台上拿出此前称过的末级过滤器，对过滤器重新称重。质量增量代表穿过被试过滤器的粉尘质量。当出现计重效率低于计重效率峰值的75%时，或出现两个低于峰值的85%的计重效率值时，停止试验。在首次 30g 发尘后，计算初始计重效率。计重效率大于 99% 时报告为>99%。绘制计重效率依发尘量变化的连续曲线时，发尘量的坐标值取质量增量的中点。

下面列出了典型的测量操作顺序：

1）第 1 次测量：初始效率和初阻力。

2）第 1 次发尘：发尘量达到 30g 或压力损失从初始值增加到 10Pa（以先到者为准）。

3）第 2 次测量。

4）第 2 次发尘：被试过滤器压力损失达到终阻力的 1/4。

5）第 3 次测量。

6）第 3 次发尘：被试过滤器压力损失达到终阻力的 2/4。

7）第 4 次测量。

8）第 4 次发尘：被试过滤器压力损失达到终阻力的 3/4。

9）第 5 次测量。

10）第 5 次发尘：被试过滤器压力损失达到终阻力。

11）第 6 次测量。

每两次测量对应一次发尘过程。第一次加载时，30g 负荷尘被加载到过滤器中，在随后的发尘过程中，标准建议根据过滤器的等间距压力损失加载，但在实际试验中，可以通过改变压力损失的间距来控制过滤器的加载情况，但应尽量实现等间距压力损失加载。在不加载时，负荷尘被释放到下游，启动末级过滤器，关闭气溶胶发生器，封闭采样头。

3. 试验结果

根据试验中的测量值可以得到 3 种过滤器性能参数。首先可根据过滤器上下游各粒径档的粒子数之比得到过滤器的分级粒径效率，每次测定都需要在同一位置进行多次计数。根据式（4-13）计算过滤器容尘阶段“j”粒径档“i”的分级粒径效率，这是 6 次测量的平均值。

$$E_i = \frac{1}{6}\sum_{j=1}^{6}\left(1 - \frac{2n_{j,i}}{N_{j,i} + N_{j+1,i}}\right) \times 100\% \tag{4-13}$$

式中，$N_{j,i}$和 $N_{j+1,i}$分别为过滤器容尘阶段“j”和“$j+1$”粒径档“i”过滤器出口的粒子数；$n_{j,i}$为过滤器容尘阶段“j”粒径档“i”过滤器入口的粒子数；E_i为过滤器容尘阶段“j”粒径档“i”的分级粒径效率。

随后计算过滤器所有容尘阶段粒径档“i”的平均效率，平均效率是整个容尘过程的效率平均值，根据式（4-14）计算。

$$E_{m,i} = \frac{1}{M_{total}} \sum_{j=1}^{k} \left(\frac{E_{i,j-1} + E_{i,j}}{2} M_j \right) \tag{4-14}$$

式中，$E_{i,j\text{-}1}$和$E_{i,j}$分别为过滤器容尘阶段“j”粒径档“i”的分级粒径效率和过滤器容尘阶段“j-1”粒径档“i”的分级粒径效率；$E_{m,i}$为过滤器所有容尘阶段粒径档“i”的平均效率；M_j为容尘阶段“j”的发尘量；M_{total}为整个容尘过程的总发尘量；k为发尘次数。

每次发尘后都要测定计重效率，5 次发尘后的平均计重效率A_m根据式（4-15）计算。计算平均计重效率至少需要 5 个测点的计重效率。

$$A_m = \frac{1}{M_{total}} \sum_{i=1}^{5} (M_i A_{m,i}) \tag{4-15}$$

式中，$A_{m,i}$为容尘阶段“i”的计重效率；M_i为容尘阶段“i”的发尘量；M_{total}为整个容尘过程的总发尘量。

用发尘总质量（对过滤器上游的损失量进行校正）乘以平均计重效率，得出过滤器在给定终压力损失下的容尘量。

此外，EN 779：2002 标准也给出了试验结果不确定度的计算方法。

根据上述测定结果将过滤器分为 G、F、E、H 和 U 级。其中，G 为粗效过滤器；F 为中效过滤器；E 代表 EPA，为高效过滤器；H 代表 HEPA，为 H10～H14 的高效空气过滤器；U 代表 ULPA，为 U15～U17 的超高效空气过滤器。EN 779：2002 仅适用于 G 级和 F 级过滤器。其他级别的高效过滤器根据 EN 1822：2009 进行试验。每级过滤器字母后的数字代表过滤效率的高低。表 4-2 列出了部分过滤器的具体过滤效率值。

表 4-2　部分过滤器的具体过滤效率值

级别	终阻力/Pa	人工尘平均计重效率 Am(%)	对 0.4μm 粒子的平均效率 Em(%)
G1	250	50≤Am<65	—
G2	250	65≤Am<80	—
G3	250	80≤Am<90	—
G4	250	90≤Am	—
F5	450	—	40≤Em<60
F6	450	—	60≤Em<80

（续）

级别	终阻力/Pa	人工尘平均计重效率 Am(%)	对 0.4μm 粒子的平均效率 Em(%)
F7	450	—	80≤Em<90
F8	450	—	90≤Em<95
F9	450	—	95≤Em

注：大气粉尘的性质与本试验所用人工负荷尘有很大差异，因此，试验结果不能用于预测过滤器的运行性能和使用寿命。滤材电荷的丧失及粒子或纤维的松脱对过滤效率也有副作用。

EN 779：2002 给出了过滤器分级的试验条件，若制造商未注明额定风量，试验风量应为 0.944m^3/s，并且规定粗效（G）过滤器最大压力损失为 250Pa，中效（F）过滤器的最大压力损失为 450Pa。若过滤器的试验风量和终阻力与上述不同，也需要根据表 4-2 进行分级。分级后应用括号注明试验条件，如 G4(0.7m^3/s，200Pa)，F7(1.25m^3/s)。

4.4.3 欧洲标准 EN 1822：2009（第 1~5 部分）

如前所述，欧洲标准将过滤器分为 G、F、E、H 和 U 级。EN 1822：2009 中包含：效率空气过滤器（EPA）、高效空气过滤器（HEPA）与超高效空气过滤器（ULPA）的性能要求、试验基本原理和标识。空气过滤器（EPA、HEPA 和 ULPA）的全套标准包括下列部分：

第 1 部分：分级、性能试验、标识。

第 2 部分：气溶胶的发生、测量装置，粒子计数统计。

第 3 部分：单张滤料试验。

第 4 部分：过滤元件渗漏的测定（扫描法）。

第 5 部分：过滤元件效率的确定。

该标准是基于最易透过粒径（0.15~0.3μm）的粒子计数法，其中，小粒径用于测定超高效空气过滤器的性能。

该标准是以应用广泛的粒子计数法为基础的，新版本标准与旧版本标准的主要区别是添加了以下几部分的内容：①另外一种测试方法，主要用固态气溶胶，而不是液态气溶胶；②膜过滤介质的测试和分类方法；③合成纤维过滤材料的测试及分类方法；④另外一种针对 H 级过滤器（除平板过滤器外）可替代的检漏方法。

1. 试验台

EN 1822：2009 基于最易透过粒径来测量过滤器的最大过滤效率。该标准适用于通风与空调领域，以及洁净室、核工业、制药工业等场所使用的效率、高效与超高效空气过滤器（EPA、HEPA 与 ULPA）。该标准规定了一套确定过滤器效率的方法，其基础是粒子计数，尘源为液态气溶胶（或可替代的固态气溶胶），并按全效率和局部效率对过滤器进行标准化分级。试验台如图 4-11 所示，所采用的液态气溶胶包括：DEHS（EN 779：2002 中的同类气溶胶）；DOP（Dioctyl Phthalate，邻苯二甲酸二辛酯，用于 MIL-STD-282 试验）或者低黏度石蜡油。试验过程中既可采用单分散气溶胶，也可采用多分散气溶胶。如果使用单分散气溶胶进行试验，那么粒子计数器只需要计目标粒径范围内的粒子数，此时可采用凝结核计数器，同时也需要采用能够测定粒径大小的粒径分析仪。如果采用多分散气溶胶，则同时需要粒径分析仪和粒子计数器，可采用光学粒子计数器。无论采用何种计数器，都要求能够测定 0. 15～0. 3μm 内、6 个粒径范围的粒径及粒子数。

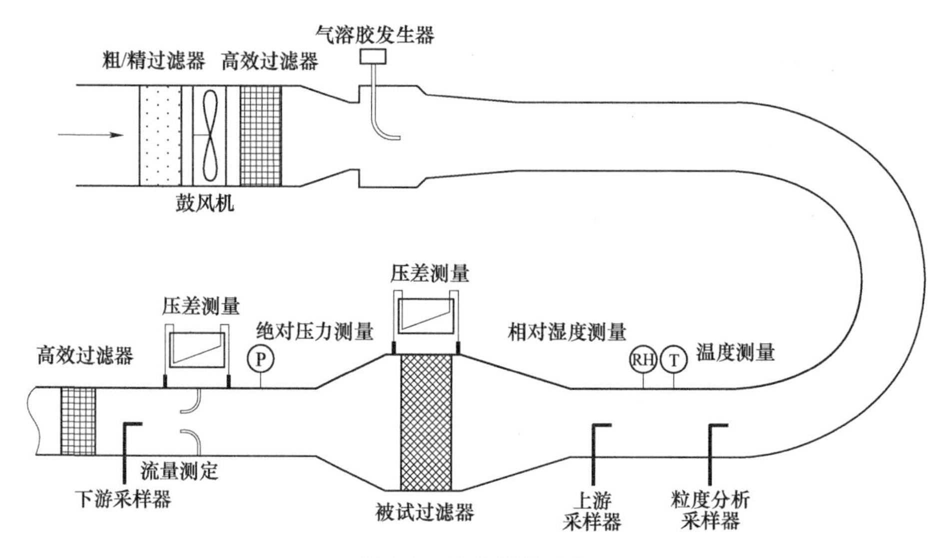

图 4-11　气溶胶试验台

气溶胶发生器发生的试验气溶胶的粒子中径应等于被试过滤器的 MPPS，粒子的粒径和浓度分布应连续稳定。为了控制进入试验风道中的气溶胶质量，试验风道中需要安装一些辅助设备。气溶胶发生器之后依次是调节器（如溶剂挥发腔室）和微分电迁移分析仪（Differential Mobility Analyzer，DMA），当采用多分散气溶胶时，可不安装 DMA。DMA 可从初始的多分散气溶胶中分离出所需的单分散气溶胶。经过这些设备处理之后，试验气溶胶被释放到试验风道中，释放点选择在能保证气溶胶均匀分布在试验风道中的位置。试验应该在额定风量下进行，但标准并没有规定具体的试验风量。试验空气的温度应控制在 23±5℃ 范围内，并和过滤器温度相同，相对湿度应低于 75%。在整个试验期间，应保持恒定的温度和湿度。被试过滤器的上游需要安装其他中效或粗效过滤器以清洁试验空气。

入口空气中的颗粒浓度需要低于 350000 个/m^3。

试验风道的截面可为圆形或矩形，本书中提及的其他标准的试验风道为矩形。试验可以在正压或负压环境中进行，图 4-11 所示的试验风道为正压环境。如果风机安装在被试过滤器的下游（负压环境），则试验空气的性能测量装置（温度和湿度）也应该安装在被试过滤器的下游。无论被试过滤器处于何种环境，都需要在试验风道入口及出口设置高效空气过滤器。

试验风道中需要安装各类仪表。首先是测量试验空气相对湿度和温度的仪表，随后是测量被试过滤器前后试验空气压力变化的压差表，标准并没有规定这些仪表的具体型号和类型。此外，还需要测定过滤器下游空气的绝对压力和体积流量。根据 ISO 5167-1：2022(en) 标准，用压差表测量试验空气的体积流量，可使用孔板、喷嘴和文丘里管。

为了测定过滤器的效率，在过滤器的上游和下游均设置采样头，部分试验空气经采样头进入粒子计数器。在所有试验中，上游采样头都是固定的。在渗漏试验中，下游采样头对过滤器进行全平面扫描（扫描法），来确定局部渗漏量。

2. 试验过程

与 ASHRAE 52.2：2007 和 EN 779：2002 不同，EN 1822：2009 测量不同粒径范围内的平均粒子计数浓度，以确定被试过滤器基于 MPPS 的过滤效率。

下面介绍试验过程。第 1 步，确定额定滤速下滤料样品在某一粒径范围的效率，根据效率与粒径的曲线，确定 MPPS，滤料对此粒径粒子的过滤效率最低。第 2 步，使用与 MPPS 相对应的试验气溶胶，在额定风量下检验 H 和 U 级过滤元件上随机分布的渗漏。其中 H 级可以采用 EN 1822-4 的 3 种检漏方法中的任意一种，而 U 级只能采用 EN 1822-4 中的 MPPS 扫描法检漏。第 3 步，使用与第 2 步相同的试验气溶胶，在额定风量下测量过滤元件的总效率。针对 E 级过滤器，需要按照 EN 1822-5：2009 中的统计学规律测试；针对 H 级和 U 级过滤器，则需要测试每一件过滤器，除了按照 EN 1822-4：2009 采用烟缕试验测试，也可采用统计学方法测试。3 个步骤中，既可采用单分散气溶胶也可采用多分散气溶胶，对应的方法为总计数法或包含粒径分析的方法。总计数法不提供粒子大小的信息，因此它只能用在第 1 步中，利用已知粒径的单分散气溶胶确定效率。在确定单张滤料的最低效率时（第 1 步中），应将单分散气溶胶试验方法视为标准试验方法。在第 2 步和第 3 步中当采用多分散气溶胶时，应特别注意试验方法与标准方法的相互关系。针对成品测试，过滤器的制造商可能会直接采用过滤材料供应商提供的数据代替第 1 步中的测试，只要这些数据是有记录的，同时供应商的测试方法也是根据这些标准尤其是根据 EN 1822-3 测试得到的，这个数据就是有效的，可以采用的。

EN 1822：2009 中完整的过滤器性能评估试验包括以下几个步骤。首先要测定过滤器在不加载情况下的压力损失，然后分别测定过滤器在 6 个粒径范围内的压力损失。过滤效率要在额定风量下测定。如果采用单分散气溶胶，则需要完成 6 次不同的效率测定试验，每次针对不同粒径范围的粒子进行试验；如果采用多分散气溶胶，则只需要完成一次效率测定试验，因为多分散气溶胶中含有全粒径范围内的粒子。根据测量结果，用图表示效率与粒径的关系，并确定最小效率对应的 MPPS。至少需要测量 5 件样品，最终确定的最小效率和 MPPS 是几次测量结果的平均值。应将此 MPPS 粒径分别作为过滤元件渗漏试验和效率试验中试验气溶胶的粒径中值。如图 4-12 所示，图中的 MPPS 为 0. 15μm。

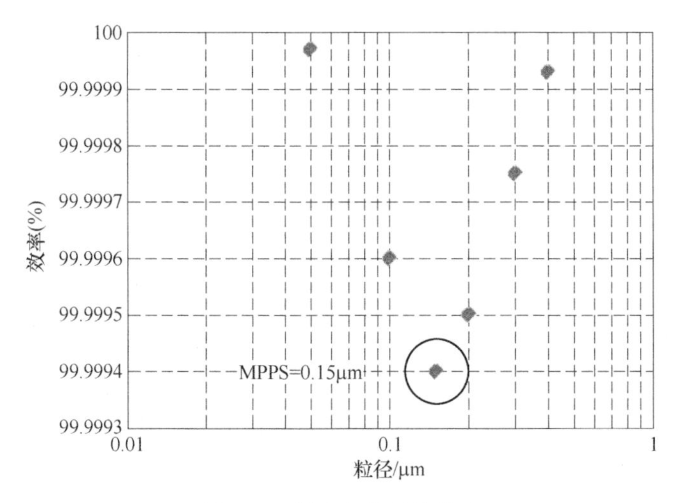

图 4-12　效率与粒径的关系

在测定 MPPS 之后，应进行过滤元件渗漏试验。渗漏试验用于检测过滤元件局部透过率和渗漏数值，这种试验的基础是粒子计数扫描法（EN 1882-4）。需要测量被试过滤器下游试验风道整个截面内试验空气中的粒子数和粒径分布，并计算渗漏量。除此之外，还需要测定试验空气的流速和风量，并保证试验风量为额定值。在渗漏试验的全过程中，上游试验气溶胶应均匀分布在试验风道截面上。

过滤器性能试验的最后一项是过滤元件效率试验，采用与渗漏试验中相同的气溶胶、MPPS 及额定风量。有两种确定过滤效率的方法。一种方法是在被试过滤器的上下游均安装静止采样头。下游采样头必须安装在试验气溶胶分布均匀的位置。另一种方法是下游采样头对过滤器进行全面扫描，与渗漏试验方法相同。如果在渗漏试验中已确定了粒子数和粒子尺寸，则可据此计算过滤器的效率。

3. 试验结果

为了对过滤器性能进行全面评估，需要完成式（4-16）~式（4-19）的计算。如前所述，MPPS 可以根据几次初始效率测定试验的效率图表得到。最终的

MPPS 和最小效率是所有测试样本的算术平均值。根据测定的粒子数、粒子尺寸、风量和取样时间确定过滤器的效率和粒子透过率。根据渗漏试验得到过滤器的局部粒子透过率。根据式（4-16）~式（4-19）计算 MPPS 粒子的效率和透过率。

$$E_{1822} = 1 - P_{1822} \tag{4-16}$$

式中，E_{1822}为特定尺寸颗粒的过滤器效率参数；P_{1822}为过滤器对特定尺寸的颗粒的截留能力或透过率。

$$P_{1822} = \frac{c_{N,d}}{c_{N,u}} \tag{4-17}$$

式中，$c_{N,d}$为被测量颗粒尺寸的粒子浓度；$c_{N,u}$为未被过滤的颗粒尺寸的粒子浓度。

$$c_{N,d} = \frac{N_d}{V_{s,d} t_d} \tag{4-18}$$

式中，N_d 为测得的粒子数；$V_{s,d}$为取样体积；t_d 为取样时间。

$$c_{N,u} = \frac{k_D N_u}{V_{s,u} t_u} \tag{4-19}$$

式中，N_u 为未过滤的粒子数；$V_{s,u}$为未过滤粒子的总体积；t_u 为未过滤的时间；k_D 为发尘次数。

MPPS 粒子的最小效率计算结果的置信区间应大于 95%。计算完成后，根据过滤器的最小效率、最大粒子透过率、最小局部效率和最大局部粒子透过率对过滤器进行分级。不同等级的 EPA、HEPA 和 ULPA 过滤器分别用字母 E、H 和 U 及一个数字表示。在过去，燃气轮机进气过滤系统中主要采用 EPA 过滤器，并不会采用 HEPA 和 ULPA 过滤器，这主要是因为燃气轮机能够承受低水平的污染物，所以并不需要 HEPA 和 ULPA 过滤器。

4.4.4　过滤器性能测定试验中的其他影响因素

在上述提及的所有试验中，都需要测定过滤器在不同试验空气流速下的压力损失，这些压力损失值在选择过滤器时非常重要。一方面，可根据测定的压力损失预估新过滤系统在实际操作中的压力损失。另一方面，测定过滤器在不同容尘阶段的压力损失，有助于工程师们更深入地理解压力损失与载荷之间的关系。

ASHRAE 52.2：2007 和 EN 779：2002 中使用的 ASHRAE 负荷尘并不能代表实际空气中的灰尘。通常，ASHRAE 负荷尘中含有的粗颗粒比空气中的多。如前所述，过滤器的负载和颗粒尺寸有关，因此试验测定的过滤器效率会与实际效率存在偏差。另外，即使过滤器对粗颗粒的过滤效率很高，也不一定能够有效地滤除细颗粒。因此，根据试验测定的过滤器的计重效率并不能很好地预估过滤器在实际操作中的计重效率和容尘能力。

ASHRAE 52.2：2007、EN 779：2002 和 EN 1822：2009 提供了用于过滤小微米和亚微米颗粒的分级粒径效率测定方法。因为试验结果报告中的效率是最小值，所以据此可保守地预估过滤器的实际过滤效率。对于过滤大颗粒（大于试验中所用颗粒）的过滤器，实际过滤效率甚至会高于报告值。然而，这些试验结果并不能提供关于过滤器容尘能力和寿命的相关信息。另外，实际操作中的不利因素可能会使过滤器的过滤效率远远偏离试验结果。

这些标准的试验中并没有考虑水分的影响，如 2.1.3 小节所述，水会严重影响过滤器的性能，特别是对于不能防水的过滤器。另外，可溶性污染物也会影响过滤器的性能，如盐、废气（SO_x 和 NO_x）、花粉和未燃烧的碳氢化合物均会导致过滤器的实际过滤效率偏离试验值。空气的不均匀流动也会影响过滤器的整体效率。

由于实际操作环境中的空气与试验空气存在很大的不同，因此根据试验结果并不能很好地预估过滤器在实际操作中的性能和寿命。这表明，针对特定的污染物和空气状况，过滤器制造商需要对过滤器进行额外测试，这些测试结果是选择过滤器时的重要参考。

这些标准提供了对过滤器进行分级和比较的方法。工程师们可以根据不同等级过滤器的性能选择符合实际操作要求的过滤器。另外，根据所选过滤器的等级，可以预估过滤效率的范围。标准并没有规定具体的试验条件，因此当直接根据等级来比较不同过滤器时，需要注意过滤器性能试验条件（温度、湿度、风量和总压力损失），这会严重影响试验结果。

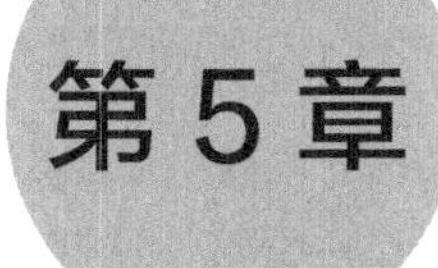

第5章

燃气轮机进气过滤系统的应用

5.1 燃气轮机进气环境分析

5.1.1 常见污染物

空气中污染物的来源主要包括：水（自来水或者海水）、地面灰尘、植被和排放物。一旦这些污染物进入空气中，都将会被气流携带而运动。根据不同污染物的沉降速度及当地风速，在一定时间内污染物被大气湍流维持在一定高度。由于天气和气候的变化，空气中的污染物在不断改变，有一些污染物会长期存在，例如地面灰尘；但有些污染物仅存在一段时间，例如肥料颗粒仅会在农耕季节存在。污染物会以气体、液体或者固体的形式存在。

1. 气体污染物

只有当燃气轮机进气口安装在靠近废气排放口的位置时，才需要考虑气体污染物。这些气体污染物不包括短时间内会沉降成气溶胶的物质。常见的气体污染物包括：氨、氯、烃类气体，H_2S 或 SO_2形式的硫，以及从油冷却器排气口或局部排气烟囱排出的废气。气体污染物不能用机械方法滤除，只要这些气体污染物维持在气体状态，就不会对燃气轮机造成影响。然而，一旦这些污染物与液体发生作用，就会被溶解吸收甚至降解。尽管有一些特殊形式的过滤器能够滤除气体杂质，但由于操作参数特殊，并不适用于燃气轮机进气过滤系统。首先，这类过滤器的气流速度非常低（低于正在使用的常规低速系统），这就意味着需要较大的过滤面积。其次，这些气体污染物往往需要用膜吸附的方法滤除，这就需要在燃气轮机进气过滤系统中安装特殊的设备或者使用一些化学物。在燃气轮机进气过滤系统的设计阶段，通过优化过滤系统的现场布置来减小含气体污染物的空气的吸入量是比较好的解决方法。

2. 液体污染物

液体污染物常以气溶胶的形式存在。这些气溶胶可能来自气体混合物的沉降或者液体搅拌。一些常见的气溶胶来源包括：冷却塔漂移水滴、沿海地区的波浪、寒冷潮湿环境中废气的冷凝、石油排放、雨、雾等。液体污染物中含有的氯盐、硝酸盐、硫酸盐和碳氢化合物等，均会对燃气轮机造成损伤。前3种污染物具有腐蚀性，因此会对燃气轮机造成永久损伤，碳氢化合物中也可能含有腐蚀性物质，除此之外，这些污染物也会在压缩机叶片和设备表面形成积垢，这些积垢必须用水洗清除。液体污染物通常采用凝聚脱水过滤器或者旋液分离器滤除。凝聚脱水过滤器收集较小的气溶胶液滴，并将它们凝聚成大的液滴，这些大液滴很容易被滤除。旋液分离器或惯性分离器借助液体较大的惯性力滤除气体中的液体颗粒。在含尘量较大的环境中，在凝聚脱水过滤器之前通常使用廉价的预过滤器来滤除固体颗粒，从而降低凝聚脱水过滤器负载。

含盐气溶胶是燃气轮机吸入的最主要污染物。空气中的干盐颗粒可以被过滤纤维拦截，但对于溶解在液体气溶胶中的盐，却需要特殊考虑。海水中的盐分可以随着风浪运动而大量传播，海水中的含盐量（质量分数）大约为 3.5%，在海水中，很多金属元素以离子形式存在，即 Na^+、Mg^{2+}、Ca^{2+}和 K^+离子。这些离子在海水中起着重要的生物和化学作用。如果海面上的风速较低或者中等（超过 4m/s），那么海浪夹带的空气会被冲入或飞溅回海面，这时会有气泡在海面上产生和破裂。气泡破裂产生的小水滴蒸发进入空气中。当风速提高到超过 10m/s 时，会有白浪产生，白浪会释放更多的气泡，因此会有更多的小水滴蒸发进入空气中。此外，大风还会吹破海浪中的水滴，从而增加海面空气的湿度。上述过程均会在海上空气中产生亚微米到几百微米大小的水滴，盐分溶解在这些水滴中，形成悬浮在空气中的含盐气溶胶。空气中含盐气溶胶的含量与气溶胶的尺寸，当地的风速和空气湿度有关。风会将在海平面上产生的含盐空气输送到很远的地方，因此，空气中海盐的浓度及气溶胶的尺寸会随着地理位置和季节的变化而变化。

除了风浪等自然原因产生的含盐气溶胶，海上船舶的运动产生的尾波和弓形波也会增加海上空气中含盐气溶胶（盐雾）的含量。船舶对海水的搅动作用会使尾波和弓形波中夹带大量的气泡，同样气泡破裂也会产生水滴或者气溶胶。海上船舶周围的空气中通常会存在一个盐分气溶胶边界层，边界层的密度和厚度同大气环境的参数有关，同时也受风速、船速、航向和船体形状的影响。1975 年，美国海军在执行燃气轮机进气系统开发项目期间，收集了关于海上含盐气溶胶边界层的高度、密度的勘测数据，如图 5-1 所示为海平面上空含盐气溶胶边界层特征因船舶及其他非自然现象产生的气溶胶的密度和湿度更大，因此这类气溶胶会脱离边界层或保持在边界层中较低的位置。

湿度会显著影响空气中海盐的状态和气溶胶中固体颗粒的尺寸。一般情况下，当空气湿度低于 40%时，空气中的盐为干燥状态；当空气湿气高于 70%时，空气中的盐为透明的润湿状态；当空气湿度为 40%～70%时，含盐气溶胶将变成黏稠状的中间状态。图 5-2 所示为含盐气溶胶中盐分颗粒尺寸随空气湿度变化的关系曲线。空气中的盐分浓度并不会随着空气湿度的变化而变化，只是空气中水

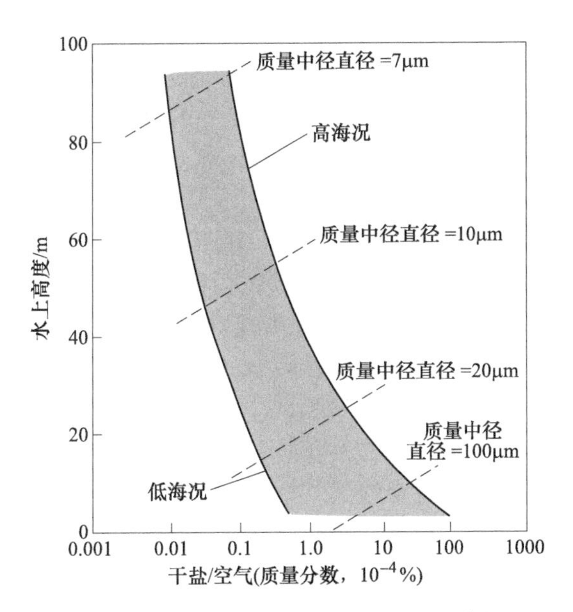

图 5-1　海平面上空含盐气溶胶边界层特征

分含量发生了变化。当空气湿度低于 40%时，气溶胶的尺寸会随着湿度的降低而缩小，直到有干盐颗粒存在。

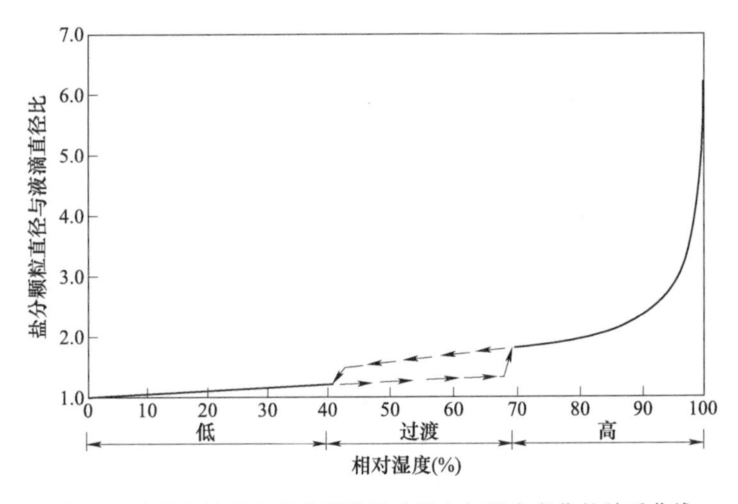

图 5-2　含盐气溶胶中盐分颗粒尺寸随空气湿度变化的关系曲线

冷却塔漂移水滴是指冷却塔排出的湿热空气中夹带的细小水滴漂移物，这些细小的水滴会被输送到附近地区。漂移、吹出和羽流是冷却塔漂移水滴的主要来源。漂移是指冷却塔风扇排气中夹带的水滴，可以用由挡板构成的消除器来滤除。吹出是指被风输送的水滴，可用挡风玻璃、气象百叶窗、飞溅导向板和导流器滤除。羽流是指冷却塔排出的水蒸气与冷空气接触后凝结形成的水滴。羽流对燃气轮机的危害最大，因为羽流与雾类似，其中含有大量很难被过滤系统滤除的小水滴。并且，羽流在寒冷环境中还可能会结冰。

3. 固体污染物

固体污染物是指被风输送的固体颗粒。在距离固体污染源大约几百米或更小的距离内，气流中粒径较大或者较重的颗粒会很快地脱离气流。30~50μm 的小颗粒会悬浮在空气中，直到空气湍流程度减弱或者颗粒沉淀，它们才会脱离气流。直径小于 10μm 的颗粒会长期悬浮在空气中。最常见的固体颗粒包括沙子、二氧化硅、道路灰尘、肥料和动物饲料灰尘、空气传播的种子、氧化铝、铁锈、硫酸钙和植物碎屑等。固体污染物很容易用静态或自清洗过滤器滤除。固体颗粒过滤器不一定能滤除液体或气溶胶。

固体污染物通过悬浮、翻越和蠕动这 3 种物理过程被输送到远离污染源的区域。风速和颗粒大小会影响固体污染物的输送过程。

悬浮是指固体污染物在风和气流的作用下被输送，特别是在颗粒较小和风速较高时。对于直径较大的颗粒，会很快地脱离气流并降落到陆地上，小颗粒却会被输送到数千米远和数米高的区域。悬浮颗粒的状态与颗粒的沉降速度有关。沉降速度是指颗粒降落到地面的速度，大颗粒的沉降速度较高，小颗粒的沉降速度较低，甚至会在空气中悬浮很多天。悬浮颗粒是形成沙尘暴的主要原因。

翻越是指颗粒通过一系列的飞跃或跳跃向前移动。这些粒子的运动距离通常是高度的 4 倍。当颗粒返回地面时，会与其他颗粒发生碰撞并传递能量，或者会反弹回气流中。粒径不同，颗粒的运动状态也不同。

蠕动是指固体颗粒在近地面随着强风运动，这些颗粒并不会输送到空气中，而仅仅是在近地面滚动或滑移。蠕动可以将固体污染物输送到很远的地方，沙漠地区 25%的固体污染物来源于此。翻越着的小颗粒会与蠕动着的大颗粒发生碰撞，并且沉降到近地面随着大颗粒一起蠕动。

存在细颗粒和细沙子的地区是沙尘暴和高粉尘空气的潜在污染源区。这些地区的植被贫乏，例如干涸的河床、沙漠和黄土（由风沉积的泥沙和黏土颗粒构成的细粒土壤）地区。降雨和植被状况会显著影响空气中固体污染物的含量。降雨会将小颗粒混合成大颗粒，从而降低颗粒被风吹到空气中的概率。植被能够固定地面颗粒，防止被风吹走。研究表明，大部分的固体污染物会驻留在近地面，因此如果将过滤系统的入口提高 6m，则会降低大约一半的灰尘吸入量。

5.1.2 海上进气环境

海上燃气轮机通常会安装在舰船上，燃气轮机入口位于高于海面 30m 的位置。

海水和盐分是海洋空气中最主要的污染物。由于舰船燃气轮机入口总是在靠近海面的位置，所以空气中的盐分总会处于潮湿状态。可以利用燃气轮机的入口安装高度、入口朝向和入口位置这 3 个设计变量来确定气溶胶的尺寸和浓度。

燃气轮机的入口安装高度会显著影响需要从空气中滤除的海水和气溶胶的量。随着安装高度的增加，空气中海水和盐分的浓度和尺寸会减小。然而，这个安装高度并不是一成不变的，会随着海浪的产生和消失而改变。在海啸发生时，燃气轮机的入口会非常接近海水。如果预期海浪较高，则应采用轴向叶片分离器。在任何状况下，都应将燃气轮机的入口安装在尽可能高的位置，同时还应考虑舰船的设计特征，如空间限制、舰船结构和其他关键系统的安装要求。

燃气轮机的入口朝向会影响过滤系统的负荷。相关研究表明，如果入口安装在距离海面 30m 高的位置，那么入口朝向不会对过滤系统的负荷产生显著影响。然而，如果入口高度低于 30m，合理的入口朝向会降低吸入空气中的海水和盐分含量。例如，当入口朝向舰船前进方向时，受舰船喷雾的影响，过滤系统的负荷会增加。

燃气轮机的入口位置也会对过滤系统的负荷产生影响。很多相关研究都分析了风向及入口位置对过滤系统负荷的影响。研究表明，受背风漩涡的影响，舰船背风侧入口过滤系统的负荷比迎风侧高出 2.5 倍。为了减小这种漩涡效应，可将燃气轮机入口伸入舰船上的某一侧或者在入口外侧安装一个封闭的操作平台。调查数据表明，当入口的伸入距离大于 2 倍的安装高度时，可以显著降低背风漩涡效应。为了最大限度地减小燃气轮机入口过滤系统的负荷，应将燃气轮机入口安装在距离海面尽可能高、距离甲板尽可能远的位置，同时在入口处应采用相应的遮挡装置来降低风的影响。

滤除盐分是海洋燃气轮机入口过滤系统的首要任务。然而，当舰船长时间在海岸附近或者灰尘含量较高的环境中运行时，舰船燃气轮机入口过滤系统需要滤除灰尘。这些灰尘可能来自沙尘暴或燃油设施，两者都会引起燃气轮机操作问题。另外，也有一些沙尘来自当地的沿海地带，特别是在沿海沙漠和干旱地区，如波斯湾。在这种地区，风会将沙尘从 300km 远的陆地吹到海边。安装前置过滤器可以清除直径较大的灰尘，然而对于细粉尘的滤除，需要采用其他的过滤设备。

舰船会运动到包括北极在内的很多地区，在一些寒冷地区，需要考虑燃气轮机入口的结冰问题。结冰会发生在过滤器、入口管道、入口导向叶片等入口过滤系统中的任何地方。很多舰船燃气轮机入口过滤系统的上游都安装了防结冰装置。防结冰装置通常利用的是压缩机排出的热空气，这些热空气在完成防结冰或除冰工作后被重新返回过滤系统入口。

海上主要会发生两种类型的结冰：釉冰和雾凇。降水、喷雾冻结、冷凝和雾是引起结冰的主要原因。喷雾冻结和冷凝形成釉冰。釉冰是指大量水在较长时间内冻结成冰，这层光滑而透明的冰牢固地粘结在地面上，因此会阻塞筛网、过滤器和气象百叶窗等。当极冷的海水、气溶胶和小水滴通过过滤系统会在过滤介质表面冷凝形成雾凇。与釉冰不同，雾凇并不透明，且粘结强度低，较松散，因此可能会发生松动而对过滤系统造成危害，或者被燃气轮机吸入并损坏压缩机初级元件。

如果没有安装防结冰装置，则在海洋燃气轮机运行期间，燃气轮机入口过滤系统的任何位置在下述环境中都可能会发生结冰：空气温度≤0℃、海水温度≤5℃、风速≥9m/s、浪高≥3m。

5.1.3 沿海、近海进气环境

沿海燃气轮机安装在距离海岸线16km以内的陆地上。沿海地区的空气中不仅有着比海上空气中更多的粉尘，也有着比陆地空气中多的盐分。

海上含盐气溶胶被风吹到沿海地区，这部分含盐气溶胶是沿海空气中盐分的主要来源。此外，由于一些沿海地区的冷却塔采用海水冷却，那这类冷却塔排出的气溶胶和雾气中的盐也会进入沿海空气中。根据当地环境的相对湿度，空气中的盐会处于气溶胶、黏性或干颗粒状态。相对湿度也会影响盐颗粒和气溶胶的尺寸。在空气湿度小于50%的环境中，如中东地区，盐颗粒可能缩小到小于1μm。一般情况下，海边空气中的盐分浓度最高，随着与海岸线之间距离的增加，空气中的盐分浓度逐渐降低，当距离增大到16km，空气中盐分的含量维持在0.002~0.003ppm（质量分数）。盐分浓度也会受当地风速、风向、海拔、地形等因素的影响。如果大风携带了大量含盐气溶胶，那么即使在距海岸线很远的内陆，空气中的盐分浓度也可能会高于海岸线附近空气中的盐分浓度。

随着“西气东输”和许多液化天然气项目的建成，我国东部和南部沿海地区有许多燃气轮机电站投产。沿海地区的大气环境中湿度和盐浓度远远高于内陆环境的。盐颗粒的粒径可能小于1μm，并且可能溶于亚微米气溶胶从而更加难以除去。盐是造成燃气轮机冷、热部件腐蚀的主要成分。盐的高浓度气氛也可导致压气机叶片结垢。在这样的环境中，叶片惯性分离过滤器可以布置在气象防护罩后的第1级，采用叶片惯性分离器—凝聚过滤器—叶片惯性分离器3级体系，凝聚过滤器采用无纺聚酯材料。此外，过滤器外壳材料必须是耐蚀且耐磨的不锈钢、铝或有耐蚀涂层的碳钢。

5.1.4 陆地燃气轮机进气环境

陆地燃气轮机进气过滤系统根据各地不同的环境，需要滤除的主要污染物种类不同。在极其寒冷的北极地区，除雪和除冰是主要任务；在雨水多和温度较高的热带地区，雨水和昆虫是主要污染物。另外，每一种环境中的特有污染物会随着季节交替而改变，尽管特有污染物的种类取决于当地最常见的天气状况和空气质量，但也需要考虑短期或季节性污染物。下面讨论了几种陆地燃气轮机进气过滤系统的典型操作环境，包括：沙漠、北极地区、热带地区、乡村、城市、工业区。

1. 沙漠地区进气环境

沙漠地区典型的气候特征是干燥、长时间日晒、大风、沙尘暴频发及稀少的暴雨。我国北方大部分地区虽然不是沙漠地区，但气候干燥时依然有大风甚至沙尘暴，存在很多类似于沙漠环境的面积较小的高粉尘区域。世界上的沙漠地区主要是撒哈拉沙漠。

沙漠地区的主要污染物是沙尘，粒径范围从 500μm 的大颗粒到亚微米级的细小颗粒，有时可能伴随有沙尘暴。为了避免传统非自清洗过滤器的高频维护和更换所需的成本，需要采用自清洗系统。惯性分离器可以用作燃气轮机的第 1 级过滤，对去除大于 10μm 的灰尘颗粒十分有效，但对于小颗粒去除效率较低。还应采用脉冲自清洗系统，特别是在沙尘暴期间可以保持压力损失恒低于可接受的水平，且不需要任何人力成本，可允许燃气轮机即使在不利条件下也能继续以最佳性能运行。

沙漠中存在 3 种不同状况的空气：洁净空气、尘雾和沙尘暴。其中灰尘是最主要的污染物。灰尘是指沙或者其他材料被破坏后产生的细颗粒，如沙漠人行道表面的石头破坏后产生的细颗粒。沙漠中的人行道是用铺在沙床的石头建造的，这些石头本身并不会产生空气污染物，但当被人类或动物破坏后，就会产生细颗粒，这类细颗粒的尺寸可以大到 500μm，小到低于亚微米。由于沙漠地区缺少植被保护，这些路面粉尘会飘散入空气，造成高粉尘污染。

大风会将沙漠地区的粉尘吹到附近区域，如本书前文所提到的，空气湍流将粉尘维持在空中，风将粉尘输送到其他地区，因此需要注意检查迎风地区的粉尘浓度。距离粉尘源越近，燃气轮机进气过滤系统受高粉尘环境的影响越大。例如，距离高粉尘地区 800km 以外的空气质量可能不受影响，但在 150m 以内，则需要考虑这些被风输送来的粉尘。另外，距离粉尘源越近，粉尘颗粒越大，因为在短距离内，这些粉尘来不及沉降。

大风会将粉尘输送到远离粉尘源的地区，造成能见度降低和空气污染。这些风可能覆盖大片海域或延伸到其他国家或地区，并对当地环境和设施产生影响。例如，它们会引起燃气轮机进气过滤系统的阻塞和腐蚀等问题。

沙漠地区的燃气轮机进气过滤系统主要用于除尘。然而，这些地区也可能会经历短期的浓雾和高湿天气，尤其是在沙漠的沿海地区。在自清洗系统中，水分会将污垢聚集在滤筒表面，在过滤器上形成滤饼。这种滤饼会严重降低过滤和脉冲清洗系统的有效性。因此，在会出现浓雾和高湿天气的沙漠地区，应该考虑除湿。

2. 北极地区进气环境

冰层和风雪是北极空气中的主要污染物。虽然北极的环境温度会长期低于0℃，并且伴随风雪和冻雨，但随着季节变换，也会出现其他天气状况，这就需要根据天气变化使用不同的过滤系统。

除冰是北极燃气轮机进气过滤系统的主要任务，包括在燃气轮机进气过滤系统上的堆积冰层和进入燃气轮机内部的冰。冰层堆积是最常见的问题，进入燃气轮机进气过滤系统的雪和冻雨会在零部件表面累积并形成冰块。由于环境温度过低，北极的雪通常比较干燥，但有时雪也会比较潮湿。潮湿的雪的黏性比较大，因此对燃气轮机进气过滤系统的危害较大，一旦被吸入就会粘在过滤系统内部的零部件上。微风中的落雪并不会对燃气轮机产生影响，但大风会加速冰层的累积。

北极环境中的湿冷空气在气压降低时凝结成冰也是冰层产生的原因。当湿冷空气进入过滤系统后，流速升高，压力和温度都会降低，由于低压下水的凝固点较低，所以湿冷空气在进入过滤系统后就会凝结成冰。湿冷空气凝结形成的冰层会发生在过滤器、入口管道，甚至发生在燃气轮机入口上。寒冷地区的特征是温度连续较长时间低于0℃，有雪和冻雨，如我国东北地区与华北地区的冬季。过滤系统和燃气轮机入口积冰是寒冷地区的主要问题。积冰主要以两种方式出现。第一种是最明显的，当燃气轮机和过滤系统直接暴露在降雪或冻雨中时，雪花或冻雨会直接进入设备的进气口或过滤系统。这些雪花或冻雨会迅速冷却并结冰，形成积冰。第二种积冰方式是空气在入口区域速度增加，压力降低，导致温度降低。空气中的水分会冻结并聚集在入口系统组件上。

寒冷环境中的过滤系统有3个主要组成部分：气象防护罩、防冰系统和过滤器。由于雪密度较小，下落速度慢，所以应该增大气象防护罩入口面积来降低气流进入的速度，从而减少雪的摄入。冷却塔通常会释放很多气溶胶。这些气溶胶会形成雾或冰晶，并且会被燃气轮机吸入。很多冷却塔在制造时会采取一定的措施来减少这些气溶胶的形成。此外，优化过滤系统的设备布置也可以减少冷却塔释放的气溶胶被燃气轮机吸入。冰雾对燃气轮机进气过滤系统的影响要比风雪严重，引起损伤的速度也要更快。雾和空气中亚微米级别的颗粒很难被过滤系统清除，进而会在燃气轮机的进气口快速累积成冰。燃气轮机入口的冰层会降低吸入空气的压力，这些低压空气会缩小压缩机的喘振裕度。破碎的冰块在进入燃气轮机内部后也会造成外物损伤。航空发动机的燃气轮机对北极这种低温湿冷气候更加敏感，因为与重型燃气轮机相比，它们有着更大的温度降低量、更轻的压缩机叶片和更低的喘振裕度。在北极的夏季还会有持续几周的昆虫群，极易堵塞过滤系统，因此需要设置昆虫筛来滤除昆虫。

3. 热带地区进气环境

在南北回归线之间是热带，这个地区气候炎热、湿度高，常受季风影响，昆虫群也较为常见。该地区植被繁茂，土壤表面不易侵蚀，空气中灰尘含量很低。尽管存在短时强降雨，但一年四季内气候变化相对较小。在为热带地区的燃气轮机选择进气过滤系统时，需要考虑台风、灰尘、昆虫及设备的可移动性问题。

我国南方多省空气中含有较多水分、昆虫和盐。南方沿海地区盐分浓度较高，夏季多台风可能导致雨水水平运动，减弱风雨防护罩的作用。热带地区的过滤系统通常采用较大表面积的风雨防护罩来处理大量雨水，并配置昆虫筛以阻挡昆虫。系统组合包括预过滤器、凝聚过滤器和惯性分离器，其中凝聚过滤器对防止水分携带可溶性污染物进入燃气轮机至关重要。由于高温和高湿度可能导致霉菌的形成和腐蚀，所有金属入口部件均需要采用耐蚀材料或涂层保护。

在一些特殊时期（如燃气轮机安装期间）空气中的灰尘含量可能较高。未铺柏油的道路和花粉也可能增加空气中的灰尘量。由于温度和湿度较高，盐分常以气溶胶的形式存在。

昆虫是常见问题之一，特别是大型蛾类在繁殖期间易聚集。飞蛾是印度和东南亚地区最常见的昆虫之一，其大量存在可能影响燃气轮机的正常运行。有效的昆虫筛和维护措施对防止昆虫堵塞空气通道至关重要。

4. 乡村地区进气环境

乡村地区环境具有多样性，不同地区的环境可能有很大的不同，可能是炎热、干燥、雨、雪和雾。在靠近森林或者农田的地方，一年的大部分时间里空气中不含有侵蚀性污染物。

乡村地区空气中的污染物会随着季节改变，全年都需要滤除昆虫和灰尘。如果燃气轮机安装在农业区附近，那么在农耕季节，空气中的灰尘浓度就会增加。在农耕季节，杀虫剂和肥料会在空气中传播。在收获季节，农作物收割过程中产生的颗粒会被释放到空气中。除非有强风携带大颗粒，否则进入燃气轮机的颗粒基本都小于 10μm。森林附近的空气中粉尘含量或许并不高，因为植被会保护地面土壤不被大风刮起。随着季节的变化，雪、雨、雾、花粉、种子和昆虫都会出现，因此，这种环境中的燃气轮机进气过滤系统应能够滤除多种污染物。

乡村地区过滤系统通常包括气象防护罩和昆虫筛，预过滤器和高效过滤器。预过滤器还可以保护高效过滤器不会过快地过载。高效过滤器用于去除较小的颗粒。自清洗系统在农耕或收获季节，以及空气具有高粉尘浓度时是有益的。在冬季干燥、寒冷的气候区域中，自清洗系统更加有效。

5. 城市地区进气环境

城市地区的燃气轮机可能会受各种因素的影响：侵蚀、腐蚀和积垢。由于污染物的种类很多，所以一般采用多级过滤系统。

与乡村地区类似，城市中的天气同样多变，空气中污染物的含量及种类会随着季节的变化而改变。例如，冬天路面上会出现盐和沙砾。城市中也会有烟雾和污染，这些虽然在乡村地区也能看到，但在城市地区更加集中。

如果燃气轮机安装在发电厂或者其他工业设施附近，那么当地空气中就会有碳氢化合物气溶胶。当地工厂的排放气中也会含有烟尘和油尘颗粒。对于位于海边的大城市，空气中也会含有一定量的盐。在安装过滤器系统之前应该全面评估全年内环境中可能出现的各类污染物。

6. 工业区进气环境

许多燃气轮机安装在重工业区，工业区附近的环境可能涵盖上述所有环境类型，污染源较多。

工业区空气中的污染物通常来自工业废气，污染物可能会以颗粒、气体和气溶胶的形式存在。工业废气中的固体颗粒尺寸可能处于亚微米范围内，这些小颗粒很难滤除，并且会堆积在压缩机叶片上引起积垢。工业废气中也可能会含有腐蚀性物质。例如，化石燃料厂排出的废气含有硫黄，硫是引起燃气轮机零部件发生热腐蚀的污染物之一。气体污染物不能采用机械过滤的方法滤除。滤除气溶胶污染物是一种挑战，很难被过滤器捕获。此外，一些气溶胶还具有黏性，会黏附在压缩机叶片、管口及其他零部件的表面。

在我国的重工业区域，燃气轮机机组经常用于发电和供应能源，但是这些工业区域却存在大量的污染物排放源。其中，最常见的污染物就是来自于烟囱的废气。这些废气可能包含固体颗粒、气体或气溶胶，其中许多颗粒在亚微米尺寸范围内很难通过过滤器滤除。此外，黏性气溶胶可能来自润滑系统的油蒸气或从排气烟囱排放的未燃烧的碳氢化合物，它们可以积聚在压气机叶片上形成结垢，并可能含有腐蚀性化学物质，这会导致燃气轮机中部件的热腐蚀。因此，在工业区，减少污染物排放及在污染物上风口布置进气入口过滤系统更为有效。

5.2 过滤系统不同环境下的应用

5.2.1 燃气轮机入口空气质量规定

在出售燃气轮机时，供应商应同时提供一系列燃气轮机入口空气质量标准。在使用过滤器时应该遵守这些标准。工程师们希望能够在初始投资和维护方法的基础上，用较简单的过滤系统得到满足燃气轮机运行工况、寿命、效率等要求的入口空气。过滤系统的选择是初始成本、过滤效率（燃气轮机性能许用损伤程度）、压力损失之间的平衡，因此，掌握扎实过滤系统相关知识的工程师应该与过滤器制造商合作来确定最适合燃气轮机的过滤系统。

下面是通用公司生产的型号为 LM2500 的船用发动机安装设计手册（MID-IDM-2500-18）中的入口空气质量规定示例。

（1）固体颗粒含量　在 95%的操作时间内，每立方英尺（$1ft^3 = 0.028m^3$）空气中的固体颗粒不能超过 0.004 粒，在 5%的操作时间内，每立方英尺空气中的固体颗粒不能超过 0.04 粒。燃气轮机入口直接暴露在环境中的累积操作时间不得超过 48h，并且全年内吸入空气中每立方英尺空气中的固体颗粒不能超过 0.1 粒。

（2）水分　进入燃气轮机的水分不能超过入口空气的 0.5%。

（3）盐分　进入燃气轮机空气中的海盐平均含量不能超过 0.0015ppm（质量分数），最大含量不能超过 0.01ppm（质量分数）。

仅根据上述规定中的数值并不能确定 LM2500 型燃气轮机进气过滤系统的效率，还需要确定过滤系统上游环境中的污染物种类及含量。

5.2.2 海上、沿海燃气轮机进气过滤系统的应用

1. 海上燃气轮机进气过滤系统

燃气轮机作为舰船用动力装置已经成为一种潮流和发展方向。通常，燃气轮机要求有很大的进气量。然而海洋大气中往往含有较多的水分和盐分，过多的水分和盐分会磨蚀压气机叶片，并对燃烧室及涡轮等热通道产生化学腐蚀和热损害，从而影响燃气轮机的性能和使用寿命。随着海军现代化的发展及高性能船的广泛使用，性能优异的燃气轮机组作为水面舰船的主推进装置已得到大量应用。而主推进燃气轮机（或加速机组）装船技术的一个重要组成部分是研制进气过滤装置——进气气水分离器。该装置的主要作用是除去进气中的盐分以避免燃气轮机的冷端及热端腐蚀，确保燃气轮机在海洋条件下正常工作。

舰船上存在多种类型的燃气轮机，有的用于驱动船舶，有的是为发电机提供转矩，还有一些燃气轮机是用来带动压缩机运动的。这些燃气轮机进气过滤系统的主要目的是滤除空气中的海水和盐分。另外，由于船舶会在一定时期内停靠在近海的港口，因此，近海空气中的灰尘及其他杂质也是需要考虑的污染物。与其他环境中的燃气轮机进气过滤系统不同，这类过滤系统的尺寸和质量受到严格限制。由于舰船上的操作空间有限，很多情况下需要采用特殊的设计，这就会牺牲燃气轮机的性能。从长远来看，这些特殊设计会导致燃气轮机性能下降，运行和检修成本增加，因此需要协调进气过滤系统性能和燃气轮机性能之间的关系。

目前，船舶上最常用的过滤系统是由第 1 级叶片分离器、凝聚脱水过滤器、

第2级叶片分离器组成的3级系统。这些都是能够滤除水滴和气溶胶中盐的高效高速过滤器。第1级叶片分离器用来滤除来自船舶尾流、波浪、雨水和湿雪的水分，以防止下级凝聚脱水过滤器过载。凝聚脱水过滤器将空气中较小的水滴聚结成大的水滴，这些水滴要么被排出，要么被重新引入气流。凝聚脱水过滤器也能够滤除较大的灰尘。凝聚脱水过滤器通常是由非织造聚酯或类似材料制成。重新返回气流中的大液滴会被第2级叶片分离器滤除。海洋燃气轮机入口过滤系统中安装的这类能够除水和除盐的过滤器，降低了入口空气中水分和盐分的含量，从而保护了燃气轮机。

舰船是持续运行的水上工具，即使在极端恶劣环境中也需要前进，因此在很多时候，会牺牲燃气轮机性能来维持舰船的运动。舰船上通常会安装多个备用燃气轮机，以应对其中任何一个燃气轮机发生故障。然而，当燃气轮机进气过滤系统发生堵塞、损坏或压力损失过大时，就不一定需要关闭燃气轮机。当过滤系统的上述故障发生时，安装在进气过滤系统旁路上的内爆门会自动打开，大量未经过滤的空气就会被燃气轮机吸入，以保证燃气轮机能不间断进气。

由于盐分的存在，舰船燃气轮机进气过滤系统的壳体必须采用防腐材料或者进行防腐处理。不锈钢、耐蚀性较强的铝和带有防腐涂层的碳钢是通常使用的材料。受燃气轮机安装位置的影响，进气过滤系统的壳体曲折多变，会引起较大的空气动力学压力损失，因此应尽量缩短入口管路的长度，减少弯道的数量。舰船上为进气过滤系统预留的安装空间通常是有限的，这在一定程度上限制了进气过滤系统的管路优化，因此，压力损失也被限制在一定范围内。同时，应该保证过滤系统管道入口截面上的进气速度分布均匀，否则，叶片分离器可能会发生过载，而不能充分滤除空气中的小水滴。另外，速度分布不均匀也会增大压力损失。

尽管滤除盐分是舰船燃气轮机进气过滤系统的首要任务，但同时也需要考虑除尘和防结冰。综上所述，在设计和优化舰船燃气轮机进气过滤系统时需要考虑以下问题：

1）预期操作环境中盐分、水分和灰尘的滤除。

2）对于寒冷环境中运行的舰船，设置旁路系统来保持燃气轮机不间断运行和进行防结冰保护。

3）进气口应尽量朝向船尾、船内侧或伸入船内部并设置外部保护装置，这些措施能够有效降低入口空气中水分和盐分的含量。

4）避免其他装置排出的尾气被燃气轮机吸入。

5）保持整个过滤系统的进气速度均匀分布。

6）过滤设备应该与舰船寿命尽量相同。

7）在满足寿命、操作环境要求的前提下，选择合适的材料来尽量减小过滤系统中各部件的质量。

8）尽量减小过滤系统中各部件的维修、清洗和更换频率。

9）尽可能采用体积较小的高速过滤系统。

2. 沿海燃气轮机进气过滤系统

沿海燃气轮机进气过滤系统面临着除盐和除尘的双重挑战。沿海地区的空气中不仅有着比海洋和海上空气中更多的粉尘，也有着比陆地空气中多的盐分。在设计和选择沿海燃气轮机进气过滤系统的过程中，既要考虑滤除盐分，又要考虑附近陆地环境中的各类污染物，因此，沿海燃气轮机一般采用多级进气过滤系统。

与海上燃气轮机进气过滤系统类似，沿海燃气轮机进气过滤系统也采用多级过滤。首先是气象保护装置（通常是气象防护罩），用于减少进入燃气轮机的水分。在降雨较多的地区，在气象保护装置之前可能会安装叶片分离器，防止大量水分进入气象防护罩。在叶片分离器和气象保护装置之后，一般会设置某类预过滤器和高效过滤器，用于滤除会引起腐蚀和积垢的杂质。

对于沿海燃气轮机进气过滤系统，盐分和湿度是两个关键因素。沿海地区空气中的盐分含量高，这些盐分在空气中可以形成盐雾，对燃气轮机内部的金属部件产生腐蚀作用。盐分对金属零件的腐蚀是一个严重的问题，因为它可能加速零件的老化和损坏。过滤系统需要能够有效地去除空气中的盐分，以保护燃气轮机免受腐蚀的影响。同时，沿海地区通常具有较高的湿度，高湿度可能会影响过滤器的性能。湿度可能导致过滤介质潮湿或结露，影响过滤器的有效性。过滤器设计必须考虑这一点，确保在高湿度环境下仍然能够有效地过滤空气中的水分和盐分。在沿海环境中，针对盐分和湿度的影响，过滤系统的设计需要更加专注于保护燃气轮机内部免受腐蚀和损害。

5.2.3　陆地燃气轮机进气过滤系统的应用

1. 沙漠环境

沙漠环境空气中的含尘量受风速影响，有时会比较低，有时会非常高（沙尘暴），这些沙尘使非自清洗过滤系统的加载速度非常快，导致过滤系统需要频繁地检修和更换。此外，沙尘会引起过高的压力损失，并触发燃气轮机进气过滤系统关闭，因此在沙漠地区通常会选择自清洗过滤系统，这降低了过滤系统的检修和更换成本，进而降低了整个过滤系统的成本。

惯性分离器可以作为沙漠地区燃气轮机进气过滤系统的第 1 级过滤器，这是因为惯性分离器可以有效滤除直径大于 10μm 的颗粒，但对于细沙尘并不十分有效。需要注意的是，在现代过滤系统中，惯性分离器很少被采用，因为脉冲清洗系统的出现降低了对固体颗粒惯性分离器的需求。高效筒形过滤器通常会安装脉冲式自清洗系统，这在发生沙尘暴时非常有效。脉冲式自清洗过滤系统会将压力损失维持在可接受范围内，并且不会干扰燃气轮机的运行。这保证了燃气轮机即使在极端恶劣的气候中也能正常运行。需要注意的是，在高湿环境中，沙尘可能会在过滤介质表面结块或黏附，并且不能被脉冲空气清洗掉，这时就需要更换过滤器。为了避免这种情况的发生，可以在自清洗过滤器前安装凝聚脱水过滤器或者叶片分离器来滤除高湿空气中的水分。

2. 北极环境

北极环境中的燃气轮机进气过滤系统主要由 3 部分构成，依次是初级气象保护装置或气象百叶窗、防结冰装置和过滤器。气象保护装置主要用于减少雨雪的吸入量。气象保护装置的入口面积较大，因此气流速度较低，一般不高于 76m/min，这减小了雪的吸入量。北极的雪干燥且比较脆，比较容易被惯性分离器滤除，因此一般会采用惯性分离器作为初级过滤器。然而当雪较大时，惯性分离器会比较容易发生故障。

在北极环境中通常会安装防结冰装置，特别是当冰层形成在压缩机上时。抽取压缩机（最常用）和燃气轮机排放的部分热空气，然后将这些热空气与冷空气混合，就可以防止结冰。由于部分压缩空气被抽出，燃气轮机的进气量减少，进而引起燃气轮机的操作压力降低。当使用压缩热空气防结冰时，燃气轮机的效率通常会下降 5%，但这也取决于抽气量的大小。尽管这些保护措施可以防止冰进入过滤系统，但还需要同时使用高效过滤器，才能有效防止冰进入燃气轮机。也有一些防结冰装置使用热水替代热空气。还需注意的是，在任何情况下都需要安装报警器，这有利于提醒操作人员冰层是否已引起了过大的压力损失。

气象保护和防结冰装置之后是一组高效过滤器。自清洗过滤器可以有效地防止冰层累积，反向脉冲空气可以有效地清除冰层。由于清除冰层需要大量的反向脉冲空气，因此建议在有自清洗过滤器的过滤系统中安装专用于清洗的压缩机。自清洗过滤器之所以有效，是因为北极环境中的雪通常比较干燥和脆，但是当温度升高引起空气的湿度增加时，那么过滤器的负荷很快就会达到极限，使压力损失增大。所以在北极环境中应避免安装潮湿或湿润的过滤器，因为在冰冻天气中，这些水很容易在滤筒上凝结成冰，堵塞过滤孔。如果局部环境中存在小污染物，那么高效过滤器应该安装在自清洗过滤器或防结冰装置的下游。

升高燃气轮机进气过滤器的壳体可以减少雨雪的吸入量。另外，需要预估冬季的降雪高度，如在温暖的季节，过滤器入口高度可能是合适的，但当冬季有积雪时，在同样高度的入口可能就会吸入积雪。

3. 热带环境

热带环境中的过滤系统主要用于滤除空气中大量的雨水。气象防护罩是最基本的保护装置，昆虫筛用于拦截昆虫。空气通过昆虫筛的速度较低，通常在

80m/min 左右，这使被拦截的昆虫能够离开昆虫筛，从而避免昆虫筛上的空气通道被阻塞。气象防护罩和昆虫筛之后是预过滤器、凝聚脱水过滤器和叶片分离器。在热带环境的过滤系统中必须安装除水过滤器，否则，空气中的水就会进入过滤系统的下游。任何预过滤器和高效过滤器必须能够阻止空气中的水分进入过滤系统，以防止可溶解污染物的溶解，及其随着水分穿过过滤系统进入燃气轮机入口。过滤系统也应能够滤除空气中可能会出现的粉尘和道路灰尘等污染物。

所有金属设备和零部件的入口位置都需要采用防腐材料或者进行涂层保护。碳钢易被腐蚀，不适合热带环境；油漆涂层表面需要持续维护，导致成本高和劳动时间长，此外喷丸清除破损涂层的过程还会产生新的污染物。因此，过滤系统中几乎所有部件的入口都采用不锈钢。

4. 乡村环境

乡村环境的过滤系统通常由天气罩、预过滤器和高效过滤器组成，在昆虫较多的地区也会安装昆虫筛。天气罩保护下游过滤器不受雨雪影响，也能滤除空气中的一部分灰尘。预过滤器用于滤除空气中的侵蚀性粉尘，防止下游高效过滤器快速过载。

高效过滤器用于滤除空气中的小颗粒。如果燃气轮机安装在靠近农田的区域，则可以考虑选择自清洗过滤器，特别是在农耕和收获季节，这个时段空气中的侵蚀性粉尘浓度很高。在寒冷干燥的冬季，自清洗过滤器也能够有效地防止过滤元件发生结冰现象。

乡村地区过滤器的壳体、管道和其他部件通常由碳钢制成，因为这些地区通常不存在腐蚀性问题，但如果过滤系统安装在靠近晒盐场和腐蚀性污染物排放源的地方，则要采用不锈钢。气象保护装置的外表面通常需要涂防护漆。

5. 城市环境

城市环境中的燃气轮机进气过滤系统采用多级过滤。一年内的大部分时间里会使用天气罩，以保护过滤系统免受雨、雪和大风的影响。天气罩之后是预过滤器，用于滤除空气中较大的腐蚀性颗粒。末级的高效过滤器并不具备自清洗功能，因为城市空气中存在一定量的黏性气溶胶。如果存在冰冻天气，则需要安装防结冰装置。尽管在城市和工业区附近并不一定适合使用自清洗过滤器，但是当这些区域下大雪并且黏性颗粒含量较小时，自清洗过滤器非常有效。

城市环境中的燃气轮机进气过滤系统的壳体一般由碳钢制成，表面采用涂层防腐处理。如果空气中存在高浓度的腐蚀性气体、灰尘或盐，则使用不锈钢。进气过滤系统只能在一定程度上防止燃气轮机内积垢的产生，定期清洗燃气轮机内部的积垢可以恢复燃气轮机的性能。需要调整燃气轮机的入口朝向和安装消声器，来降低运行过程中产生的噪声对周围社区人们生活的影响。

6. 工业区环境

工业区附近的过滤系统都会受当地工厂排放物的影响，因此一般会采用更高效的过滤系统来滤除空气中的细小杂质。例如，如果燃气轮机安装在靠近露天储煤场的区域，则需要用预过滤器和高效过滤器来滤除当地空气中的煤粉杂质。另外，将过滤系统的入口设置在远离工厂排放源的位置也可以降低工业排放气的吸入量。

工业区环境中常见的一类污染物是黏性气溶胶。这些气溶胶可能来自润滑系统的油蒸气或工厂排放的未燃烧碳氢化合物。这些气溶胶通常很难被滤除，会在压缩机叶片上形成积垢。应该使用高效过滤器来减少气溶胶对燃气轮机的影响，但需要定期清洗压缩机叶片来保持叶片的清洁，以尽量减少积垢对燃气轮机性能的影响。

5.3 过滤系统的施工、安装及维护

选择合适的空气过滤系统仅是保证燃气轮机进气质量的一部分工作，除此之外还需要谨慎操作过滤系统。打开的门、损坏的过滤器材料、柔性过渡管道中的孔和裂痕、非功能性疏水阀，以及不正确的过滤器清洗程序，均会显著降低过滤系统的有效性。对燃气轮机进气过滤系统进行有效的维护，对其状态和性能进行监测可以有效控制燃气轮机性能的退化程度。

5.3.1 场地布置及现场环境评估

1. 场地布置

燃气轮机安装位置的场地布置会影响空气中污染物的含量。场地布置的相关内容在前面已有说明，下面将进行更加完整的介绍。不同的设备制造商可能会提供相应产品的场地布置说明。

1）当燃气轮机附近安装了其他类型的燃烧设备时，如柴油发动机，则需要将柴油机的排气口偏离燃气轮机的入口，以避免柴油机废气被燃气轮机吸入。这种废气中可能含有未燃烧的碳氢化合物或腐蚀性气体。

2）冷却塔漂移水滴是气溶胶漂移的主要来源。冷却塔对大气开放，因此在侧风搅动和向下水流的作用下，气溶胶会被释放到空气中。冷却塔排水中还可能会含有对燃气轮机有害的水处理化学品。来自冷却塔的气溶胶漂移被限制在距冷却塔几百米之内。如果可能，燃气轮机入口应该远离冷却塔，并放置在盛行风的上游以减少气溶胶漂移的影响。CFD 可以有效地模拟风是如何将气溶胶输送到燃气轮机入口的，这有助于工程师合理规划燃气轮机的布置，从而降低冷却塔漂移水滴的影响。

3）减压阀会安装在很多燃气管道和设备上，在压力过高时起到保护作用。这些减压装置的排气口应该远离燃气轮机入口。任何烃类排放物都会引起燃气轮机吸入空气中烃类污染物的含量增高，而过滤器很难滤除气体类污染物。

4）输送气体、液体和蒸气的管道连接处在运行一段时间后会发生泄漏。这些连接处的泄漏会影响过滤系统，因此，管道应尽量远离燃气轮机进气过滤系统入口。

5）润滑油通用口应该远离燃气轮机入口，避免油蒸气被吸入。

6）燃气轮机的排放口应该远离燃气轮机的入口。废气中含有的碳氢化合物会加速压缩机叶片积垢。如果压缩机叶片发生积垢，燃气轮机的性能会降低。

7）燃气轮机的入口不应该朝向或安装在任何排气堆附近。这些排气堆排放的废气和未经燃烧的碳氢化合物会导致压缩机叶片的积垢和腐蚀。

8）燃气轮机的入口应远离砾石和泥土道路，车辆和风扬起的灰尘可能会被燃气轮机吸入。如果燃气轮机安装在建筑施工场地附近，则需要使用性能好的过滤器来滤除空气中的灰尘。

9）燃气轮机入口应该远离露天储煤场、晒盐场及其他颗粒物质的存放场地，因为风会将这些杂质颗粒输送到燃气轮机的入口。

2. 现场环境评估

在前面讨论的许多应用中，也提到了临时或季节性条件。燃气轮机越先进，对进口空气的质量要求越高，考虑各种环境中的应用也就变得更加重要。为了解决季节更替对过滤系统的影响问题，首先需要确定预期天气状况。在过滤系统的设计阶段，对燃气轮机安装现场的气候状况至少需要检测一年。根据检测结果可以确定一年内不同季节会出现的污染物。另外，还需要考虑燃气轮机安装现场周边在未来 5~10 年内可能会进行的建筑、农业及其他会产生灰尘的项目。综合考虑环境中可能会出现的各类污染物，有助于工程师们设计更加完备的过滤系统，为燃气轮机提供更高质量的空气。

目前，大部分过滤系统中的过滤级数、过滤器类型和过滤水平是维持恒定的。如果过滤系统预期安装现场空气中的污染物种类会季节性频繁改变，则可以考虑使用含有多种过滤器的过滤系统，以便提高过滤系统对环境的适应性。

在选择燃气轮机进气过滤系统时首先需要确定空气中污染物的种类和含量，只有这样才能进一步确定所需过滤器的类型和过滤效率。

首先要明确燃气轮机的安装环境，由此可以确定环境中存在的污染物列表。其次，要视察安装场地附近环境，以确定是否会存在局部污染源，这些局部污染源可能是土路、农田、工厂和植被。

美国国家环境保护局会定期抽样调查大约 4000 个地区的空气中的污染物含量和种类。调查结果会刊登在网上。调查数据是开放的，任何人都可以访问，数据涵盖了全美各区空气中年度污染物水平。污染物被分为不同的类别，包括 SO_x、CO_2 及其他气体，化学品和固体颗粒。固体颗粒污染物被分为5类：PM10-PRI、PM10-FIL、PM25-PRI、PM25-FIL 和 PM-CON。PM10 类固体颗粒污染物的粒径在 2.5~10μm 范围内；PM25 类固体颗粒污染物的粒径小于 2.5μm。美国国家环境保护局不跟踪粒径大于 10μm 的污染物。PRI 代表一次排放量，是可滤除和可沉降污染物的总量；FIL 代表可滤除污染物；CON 代表可沉降污染物，CON 大部分来自燃料燃烧产物。

虽然根据调查和美国国家环境保护局的数据可以确定一般污染物列表，但有时仍需要进行空气质量调查，特别是在没有空气质量数据的地区。进行空气质量调查时，需要定期取样燃气轮机安装现场的空气，分析取样空气中的污染物种类和数量。空气质量分析机构和一些实验室可以完成样本分析工作，工程师们也可以借助空气质量测量设备粗略地确定空气质量。美国国家环境保护局推荐了几种空气质量监测设备。

工程师们需要注意的是局部污染物会随着季节而改变，因此，一年内需要对燃气轮机安装现场的环境调查多次，才能得到当地空气中污染物种类和数量的完整列表。气象数据提供了关于当地未来天气状况的详细信息，根据这些数据可以确定过滤系统中是否需要安装防结冰保护装置，以及所需除水过滤器的效率。美国国家海洋和大气管理局会监测国内数千个地点的气象数据，这些数据会公开发布在网站上。监测点一般会设置在机场和军事基地。需要注意的是，局部地区的气象数据可能会和报告中的数据不同，特别是在远离气象监测点的地区和海拔变化比较大的山区。

工程师在完成现场空气污染物和季节状况的调查备案后，需要考虑潜在的污染源。如果燃气轮机未被安置在现场，则未来可能会建造土路、排气管道和冷却塔等设施，这些都是潜在的污染源。此外，当地可能会进行农田开发，农耕和收获季节的生产活动会带来谷物颗粒污染物；可以根据当地公布的发展规划来预估空气中的潜在污染物。

如果能够收集上述相关信息，则可以确定空气中潜在污染物的数量，在此基础上才能设计更加合适的燃气轮机进气过滤系统。

5.3.2 施工

选定过滤系统的等级及各级过滤器的类型后，还有许多需要考虑的问题。合理设计过滤系统的结构和进气管道同样非常重要。过滤系统结构和管路设计不良会引起下列问题：①未经过滤的空气进入燃气轮机内部；②管路材料腐蚀和磨损；③过滤系统管路维护困难；④降低管路系统的空气动力学性能，增大压力损失，从而降低燃气轮机性能。

CFD 是过滤系统管路设计的有效工具。在燃气轮机进气过滤系统的设计过程中，可以根据 CFD 分析结果来优化整个系统的空气动力学性能。进气速度过高会使过滤系统的性能下降，压力损失增大，因此应使过滤系统中的空气流速均匀分布，并尽量接近或等于过滤器制造商标明的名义速度。CFD 分析有助于优化流场速度分布，减小回流和湍流区域，从而降低压力损失。在加工制造前，过滤器制造商需要完成相关的 CFD 优化分析。

过滤系统的管道和结构设计应便于维护，需要设置包括人行道、扶手、平台、梯子和检查孔等辅助结构，确保维护人员能够随时（停机和开机状态）方便地维修和更换过滤元件。如图 5-3 所示，工作人员正在施工检修。检查孔应设置在能尽量减少维护期间未经过滤的空气进入燃气轮机内部的位置。另外需要注意的是，在燃气轮机的运行过程中，检查孔应处于关闭状态，特别是对于会引起未经过滤的空气进入燃气轮机的检查孔，应设置开启警报，以避免检查完成后处于开启状态。

图 5-3　施工过程

过滤系统上通常会安装泄压保护装置，以防止压力损失过大和内燃机逆火引起的爆炸。泄压保护装置包括负压释放（压力补偿）和正压释放装置。负压释放装置通常是指内爆门。当过滤器的压力损失达到许用值（2000Pa）时，在特定吸附压的作用下，内爆门向内部开启，外部未经过滤的空气进入燃气轮机内部，从而补偿压力损失，保护过滤系统。

正压释放门（爆破片）或气囊（橡胶或塑料片）主要用于防止由于燃气轮机逆火引起的过滤器壳体结构失效及其他损害。正压释放装置会在逆火发生时自动开启，释放由于高温引起的高压。正压释放装置应有较大的覆盖面积，以便充分保护过滤系统。过滤系统中普遍会安装负压释放装置，但却不经常使用正压释放装置。

过滤器壳体的安装位置同操作环境一样会显著影响燃气轮机的性能。过滤器壳体应安装在高于地面 6m 的位置，这个高度可以有效防止燃气轮机吸入大量地面灰尘。安装在海上和沿海环境中的过滤器的入口需要考虑预期浪高及海浪的方向。图 5-4 所示为海上燃气轮机进气过滤系统入口安装的案例，如果过滤系统入口安装不当，可能会导致一系列问题，如来自船舶的尾流、海洋的水雾及燃烧火炬引起的水雾等，这些会直接进入过滤系统，进而影响过滤系统的正常运行。

图 5-4　海上燃气轮机进气过滤系统入口安装的案例

在腐蚀环境中，过滤系统应该采用不锈钢建造，在非腐蚀环境中则可采用其他材料。同时，所有过滤器的壳体表面都应该进行防锈和防腐处理。壳体应该能够承受当地极端环境中的极端载荷，如积雪、结冰、大风和地震。过滤系统壳体的建造应该遵守当地的建筑规范和适用的工业标准。

过滤器壳体的体积较大，一般由不同部件组装而成。不同部件通过焊接或者螺栓垫片总装在一起，因此应注意这些连接位置的泄漏检测，同时还应注意过滤器内部过滤介质支撑框架固定处的密封检测。过滤系统中应不存在任何泄漏，否则过滤就失去了意义。另外，与过滤系统壳体一样，连接螺栓及垫片等部件也需要进行表面喷漆处理以防止生锈。

5.3.3　安装

选择合适的过滤系统后，首先要正确安装过滤系统。图 5-5 所示为燃气轮机一般安装标准步骤。如果燃气轮机进气过滤系统安装位置不当，可能会导致空气中的污染物进入燃气轮机，进而造成叶片积垢、侵蚀或腐蚀。将过滤系统入口安装在高于地面的位置，可以有效降低吸入空气中来自地面的灰尘含量，从而延长过滤系统的寿命。在北极地区，过滤系统入口的安装高度应高于该地的平均雪飘高度。

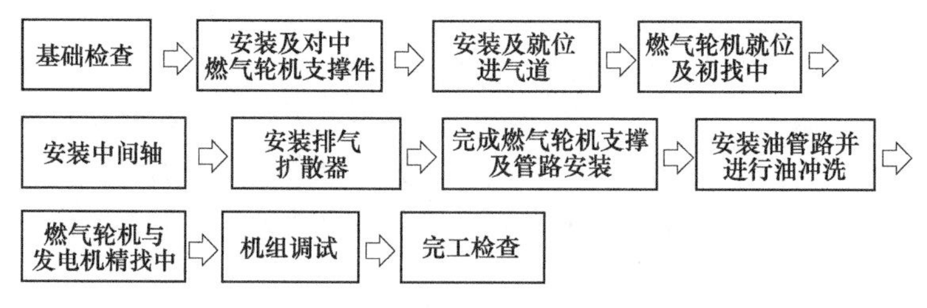

图 5-5　燃气轮机一般安装标准步骤

在安装完成后，应检查过滤系统的所有密封面。如果存在密封不良的表面，特别是在过滤系统的下游，那么未经过滤的空气就会进入燃气轮机，从而使过滤系统失效。需要检查的位置包括：滤框和过滤器壳体之间的密封、管道连接位置的密封，以及进气门和检查端口处的密封。

如果过滤器壳体的材料为碳钢，则所有暴露表面均需进行喷漆处理。喷漆完成后，应检查所有表面，以确保所有表面均被完全覆盖。系统安装完成后，应对所有的连接螺栓进行清洗和喷漆处理。

应根据空气中预期污染物的种类和含量来选择过滤系统。即使对空气中的污染物进行了彻底和详细的分析，仍可能会出现意想不到或更高浓度的污染物。在过滤系统安装和运行几个月后，应对入口导向叶片和压缩机第 1 级叶片处的沉积物进行采样分析，以确认是否存在不能被过滤系统滤除的污染物。化学成分分析十分有效可以用于识别叶片沉积物的各组分，特别是对于钠、酸、钾、钒和铅的分析十分有效，因为这些污染物会引起腐蚀，从而造成压缩机叶片和涡轮叶片的永久性破坏。如果沉积物分析结果中含有这些污染物，则需要调整过滤系统，以提高滤除这些污染物的效率。

安装完成和启动检查中另一个需要注意的事项是叶片上沉积物的数量。即使沉积物是非腐蚀性的，叶片上的厚沉积物也会降低燃气轮机的性能。如果产生厚沉积物，则应对当前过滤系统进行评估并改进。同时，也应考虑更频繁的压缩机洗涤方案。然而，在清洗压缩机叶片时，被冲走的沉积物会进入燃气轮机的下游，并沉积在后级叶片上。

如果新的燃气轮机将安装在已运行的燃气轮机的附近，则可以根据先前的污染物经验来设计新燃气轮机的过滤系统。在选择新过滤系统前，首先应评估现有过滤器所拦截的污染物的类型。此外，也需要评估燃气轮机入口导向叶片和压缩机第 1 级叶片处的沉积物。这些评估结果可以用于确定新燃气轮机系统可能会遇到的污染物。

5.3.4 维护

1. 更换、清洗和检测

如前所述，一旦过滤器达到满负荷或压力损失达到许用值，则必须更换或清洗过滤器。强烈建议在燃气轮机停机期间更换和清洗过滤器。对于高效过滤器，只能在燃气轮机停机期间进行更换，否则，技术人员需要解决过滤器吸入口和出口之间的压差产生的问题。此外，在更换过滤器时，过滤器上被拦截的灰尘会进入空气，这些灰尘会被运转的燃气轮机吸入，进而沉积在燃气轮机的下游。因此，应在燃气轮机停机期间更换过滤器，以降低灰尘被二次吸入的概率。

两级非自清洗过滤器（预过滤器和高效过滤器）的寿命为 5000~10000h。通常情况下，在每次更换高效过滤器前需要更换 2~3 次预过滤器。一些预过滤器在被更换前，会清洗 10~15 次。纤维型过滤器不能清洗，金属型过滤器可以清洗。应该注意的是，被清洗后的过滤器的过滤效率低于初始效率。一般用清水清洗过滤器，对于一些过滤器也可以使用柔性洗涤剂。工程师应该向过滤器制造商咨询，以确定适合预过滤器的清洗方法。高效过滤器不能清洗，因此，当达到使用寿命或出现损坏迹象时，应直接更换。高温、紫外线和外物均会损坏高效过滤器。

当过滤器的压力损失达到规定值时，自清洗过滤器会自动开启清洗功能，自清洗介质为反向脉冲空气。自清洗过滤器为表面负荷型过滤器，因此，被拦截的灰尘不会沉积在过滤器内部。无内部沉积灰尘，再结合自清洗功能，延长了自清洗过滤器的过滤寿命，其寿命一般为 1~2 年。当自清洗功能失效或者过滤器出现损坏迹象时，应进行更换。

当过滤器的压力损失达到规定值或者过滤器达到满负荷时，需要更换过滤器。然而，当空气中的含尘量较低时，过滤器的压力损失和负荷在很长时间内变化很小，但过滤介质会随着运行时间的增加而老化，老化到出现损坏迹象时，过滤器就需要更换了。另外，即使压力损失没有达到极限值，也没有损伤迹象，过滤运行 3 年后，也必须更换过滤器。在干燥和控温环境中，过滤器最多可以存放 3~5 年。工程师应咨询过滤器制造商以确定最佳的操作环境和储存时间。

有几类过滤器可用于防止水渗入。这类过滤器一般用于湿度较高的环境（海洋、近海、沿海和热带环境）。刚安装的过滤器的防水性是良好的，但随着运行时间的增加，受过滤器负荷、老化（热和辐射）和特殊污染物（碳氢化合物）的影响，其防水性逐渐下降。在一些位置，水甚至会渗入过滤器内部，可溶性污染物会被这些水输送到燃气轮机。经验表明，当过滤器的压降达到最大值时，会发生渗透。因此，潮湿环境中的过滤器在压降达到最大值之前就应被更换，以减少进入燃气轮机的渗透水和可溶性污染物。

如前所述，不同环境空气中的污染物种类和含量各异，因此，过滤器的寿命会受操作环境的影响而不同。根据过滤器的压力损失来检测过滤器的寿命是最常用的方法。然而，一些发生的特殊情况表明，过滤器的压力损失值并不能涵盖导致过滤器性能下降的所有因素。因此，工程师最好能够在不同时间点，测试过滤系统中不同位置的过滤器。这些测试包括：测试过滤器的强度，确定过滤器的防水性能，测量过滤器上污染物的数量和类型，以及评估过滤器的老化程度。这些测试结果可以用于确定过滤器的安装和更换时间，从而保证空气质量，减少燃气轮机因为空气质量引起的故障。

为了确保过滤系统处于完好状态，应进行多次检查。具体地，应每周目视检查疏水阀中的水位和排水系统中的柔性连接；应每月目视检查管道接头，并且要及时修复检查过程中发现的所有缺陷。另外，如果条件允许，应目视检查过滤器。在检查过程中如果发现任何已满负荷和损坏的过滤器，则应及时更换。

在燃气轮机停机期间完成过滤器的更换之后，要对整个过滤系统进行全面详细的检查。应检查排水系统中的所有结构密封件和柔性连接件，并确保系统中的排水口能正常工作。对于未更换的预过滤器和高效过滤器，应检查是否存在撕裂和泄漏。检查所有过滤器和过滤器之间的泄漏。检查过滤系统壳体及叶片分离器内是否干净，必要时进行清洗。检查中发现的所有缺陷都应在燃气轮机启动前被修复。此外，燃气轮机停机期间，在进行任何清洗之前，最好先对入口导向叶片和第 1 级压缩机叶片进行管道镜拍摄。如果每次都对同一位置进行拍摄，则可以监测积垢速率。根据积垢速率可以确定压缩机的清洗频率，以及是否需要改进过滤系统来滤除其他污染物。

2. 维护（检修）计划

使用全负荷过滤器会影响燃气轮机的性能，并导致污染物吸入量增加。大量污染物会对燃气轮机造成永久性损伤，如腐蚀。因此，要根据过滤器的负荷和运行状况更换过滤器。

1）通常情况下会根据日历或运行时间间隔更换过滤器。在这种情况下，认为过滤器的压力损失随着所拦截的污染物和过滤器性能的降低而增加。然而，过滤单元的退化速率会受污染物的种类和数量，以及燃气轮机附近的喷砂或喷漆等活动影响。因此，基于时间间隔更换过滤器并没有考虑其他影响因素。

若燃气轮机的过滤器设施尚未达到合格的质量标准，不仅无法充分过滤空气中的有害物质和污染物质，还会在降低自身效用的基础上，给燃气轮机设备的稳定运行和正常使用带来不良影响。为此，需要充分意识到过滤器在燃气轮机运行阶段的重要作用，并以定期或者不定期的形式对燃气轮机内部的过滤器设备进行检查，保障检查作业的全面性。过滤器属于燃气轮机内部的基础零部件，在燃气轮机的运行过程中具有重要作用，通过对空气中的有害物质和污染物质进行过滤，使燃气轮机能够持续处于稳定的运行状态。除此之外，由于燃气轮机在长期的运行过程中，容易在内部积攒污垢和灰尘，需要定期开展污垢清理工作，保障燃气轮机内部环境的干净、整洁，从而有效延长燃气轮机设备的使用周期。不仅如此，在燃气轮机维护和保养工作等实施过程中，还需要对其他零部件的实际使用状况进行检查，保障质量检查作业的严格性与严谨性。

2）保障设备运行合理，逐步减少重启操作。为了有效延长燃气轮机等发电设备的使用周期，不仅需要加强对燃气轮机检修及运行维护作业的关注力度，还需要保障燃气轮机运行操作的合理性，在最大程度上减少重启操作等情况的出现。在一般情况下，为了保障燃气轮机能够在定时、定量的基础上完成既定的工作任务，在设备运行的前期阶段，需要派遣专业的工作人员，并针对燃气轮机的实际运行状况开展维护和保养作业，确保此类专项作业的及时性。另外，在使用燃气轮机的过程中，为了避免出现重大的安全事故和紧急故障状况，应尽量不要频繁地关闭和开启设备。这是由于燃气轮机属于大型的设备类型，当其中的开关设施操作过于频繁时，会对燃气轮机的电路或者其他零部件造成严重的损伤，在开启频率逐渐提升的过程中，会在损伤问题的影响下缩短燃气轮机的实际使用周期，所以需要在具体的操作过程中对设备的关闭和开启次数加以管控。同时，在燃气轮机的使用过程中，还需要对前期的维护和保养工作予以高度的重视，避免设备的使用周期随着时间的推移而逐渐缩短。为此，为了逐步延长燃气轮机的实际使用周期，还需要确保前期维护和保养工作的有效落实。除此之外，还需要加大对设备维护人员的管理力度，对此类人员提出较为严格的要求，通过对开关设备频繁操作情况的逐一检查，结合实际情况将此类情况形成文字档案进行上报，对开关设备的操作环节予以全面监管。

3）检测振动现象，建立维修档案。燃气轮机检修工作人员若发现了异常的振动情况，需要及时找出产生振动问题的相关诱因，并采取积极、有效的补救措施，对此类问题加以控制。此外，还需要在后续的燃气轮机使用阶段对此类设备进行维护和保养，避免给其他设备和零件的正常使用带来不良影响。燃气轮机的振动问题属于检修和维护作业中的重点，需要高度重视燃气轮机的轴承和转子设备损坏问题，以避免此类设备发生损坏。

4）定期开展培训和巡检工作。燃气轮机属于大型、高端的设备类型，在生产制造的过程中，所使用的工艺和技术具有精密性的特点，优质的维护和保养有助于保障燃气轮机的运行质量。燃气轮机与其他普通类型的机械设备有着本质上的不同，在开展燃气轮机维护和保养工作的过程中需要派遣专业的技术人员开展各项操作，以避免对燃气轮机造成损伤。为此，对于维修和保养燃气轮机的工作人员来说，在开展此类业务之前应通过专业的技能培训，并确保能够持证上岗。同时，维修人员还需要加强对日常检修和巡检工作重要性的认识，并严格遵循检修工作标准，确保各项检修和维护工作的顺利开展。除此之外，维护和保养工序专业程度的不断提高直接影响了燃气轮机的使用周期。人员专业水平的逐步提升有助于提高燃气轮机的运行效率。燃气轮机在使用的过程中时常会受到外界因素和不可抗力因素的影响，从而出现非常规性的故障问题，维护人员需要定期开展巡查和检测工作，当发现燃气轮机出现安全隐患或者故障问题时，需要将相关信息进行收集并整合之后上报给有关部门，确保补救措施的及时开展。

5）根据过滤器的压力损失来确定过滤器的更换时间是更常用的方法。通过监测过滤器的压力损失来确定更换时间，当压力损失达到过滤器制造商预先提供的规定值时，则需更换过滤器。然而，这种方法并没有考虑过滤器的面速度和过滤器中的水分。如果过滤器在部分负荷下运行，过滤速度会降低，同时压力损失也会降低。过滤器中的液体会改变气流阻力（压力损失），并且会导致被捕获的污染物进入过滤系统下游。

如果要根据时间间隔来确定过滤器的维护时间（日历或运行时间），前几次更换应基于对过滤器压力损失的密切监测，这可以为工程师提供压力变化和运行时间之间的关系，便于更好地预估过滤器的更换时间。此外，还应注意过滤器燃气轮机入口附近任何可能会产生碎片的事件，例如喷砂和喷漆等。如果这些事件发生，则应基于过滤器的过滤效率和预期寿命调整更换时间。

在燃气轮机使用寿命期间，除了正常的维护，还会有几次大检修。在燃气轮机进行大检修时，无论过滤器是否达到寿命周期，都应该更换，只有这样才能使过滤器的压力损失在燃气轮机重新启动时最低，同时也避免了由于过滤器满负荷，在短时间内再次关闭燃气轮机。

3. 水清洗

水清洗是在燃气轮机大修期间恢复燃气轮机性能的一种方法，因为通过水清洗可以清除未被过滤系统滤除的污染物。有两种水清洗的方法：离线和在线，其中在线清洗是最方便的。然而，离线清洗能够更彻底地清除燃气轮机内部的积垢。燃气轮机的水清洗计划中应该既包括在线清洗也包括离线清洗。清洗的频率基于进入燃气轮机内部的污染物的数量和种类。高频率的在线清洗会增大离线清洗之间的时间间隔，有时需要非常高频率的在线清洗才能使燃气轮机的性能维持在可接受范围内。

在线清洗的喷嘴通常会安装在入口导向叶片的附近。喷嘴被固定在特定位置，以保证能够完全覆盖入口导向叶片。在线清洗只对入口导向叶片和压缩机的前两级叶片有效，因为这些区域最容易聚集大量污染物。在线清洗的负面效应是：任何喷入燃气轮机的蒸馏水都将被输送到压缩机和燃气轮机的下游。因此，清洗水携带的污染物会再次沉积在压缩机的后几级叶片、燃烧室及燃气轮机的涡轮部分。

离线清洗是一个比在线清洗更严格的过程，一般用洗涤剂来去除污染物。在离线清洗的过程中，需要根据具体情况改变曲柄速度、液滴尺寸、入口导向叶片设置和清洗水压，以确保最大限度地清除积垢污染物。在燃气轮机被洗涤剂清洗后，必须要用清水冲洗，以清除多余的洗涤剂和没有排干的污染物。往往需要多次循环清洗才能彻底清除压缩机内部的污染物。在完成一两个周期的清洗后，从压缩机排出的水看起来可能是干净的，但这并不能说明水清洗已经完成，而应该对比排出水和清洁蒸馏水的水压，当两者相等时，清洗工作完成。

参考文献

[1] 伍赛特. 舰用燃气轮机进气系统设计特征研究综述 [J]. 中国水运, 2019, 19 (11): 87-88.

[2] 陈仁贵, 陈磊, 王清亮, 等. 燃气轮机进气防冰系统国内外技术对比分析 [J]. 热能动力工程, 2013, 28 (6): 569-572, 656.

[3] 张涛, 刘志坦, 付忠广, 等. 燃气轮机进气系统湿堵分析及对策 [J]. 中国电力, 2018, 51 (12): 29-35.

[4] 迟志伟, 王文欢, 黄阳, 等. 进气温度对微型燃气轮机燃烧室燃烧与排放特性的影响 [J]. 中国电机工程学报, 2022, 42 (23): 1-10.

[5] SUTHERLAND K. Air filtration in industry: gas turbine intake air filtration [J]. Filtration and Separation, 2008, 45 (1): 20-23.

[6] 吴文健, 应光耀, 毛志伟, 等. 燃气轮机进气过滤系统研究综述及在当前我国雾霾天气下的优化策略 [J]. 燃气轮机技术, 2018, 31 (4): 1-8.

[7] 翟斌, 卫禹丞, 李梦竹, 等. 船用燃气轮机进气滤清器冲蚀行为研究 [J]. 舰船科学技术, 2021, 43 (19): 95-101.

[8] JORDAL K, ASSADI M, GENRUP M. Variations in gas—turbine blade life and cost due to compressor fouling—a thermoeconomic approach [J]. International Journal of Thermodynamics, 2002, 5 (1): 196-209.

[9] MEHER-HOMJI C B, CHAKER M, BROMLEY A F. The fouling of axial flow compressors: causes, effects, susceptibility, and sensitivity [C]. Orlando: ASME Press, 2009.

[10] 程元, 陈坚红, 盛德仁, 等. 联合循环发电机组燃气轮机水洗策略优化模型研究 [J]. 中国电机工程学报, 2013, 33 (26): 95-100.

[11] IGIE U, AMOIA D, MICHAILIDIS G, et al. Performance of inlet filtration system in relation to the uncaptured particles causing fouling in the gas turbine compressor [J]. Journal of Engineering for Gas Turbines and Power, 2016, 138 (1): 1-7.

[12] FERNIHOUGH J, BEECK A, BOGLI A. Process of plugging cooling holes of a gas turbine component: 6265022 [P]2001-07-24.

[13] ELIAZ N, SHEMESH G, LATANISION R M. Hot corrosion in gas turbine components [J]. Engineering Failure Analysis, 2002, 9 (1): 31-43.

[14] MEIRELES M, PRAT M, ESTACHY G. Analytical modeling of steady-state filtration process in an automatic self-cleaning filter [J]. Chemical Engineering Research and Design, 2015, 100: 15-26.

[15] HINER S D, MUDGE R K. Gas turbine intake systems: high velocity filtration for marine gt installations—part 2 [C]. Atlanta: ASME Press, 2003.

[16] OSWALD A D, HINE R S D. More efficient applications for naval gas turbines: addressing the

mismatch between available technology and the requirements of modern naval gas turbine inlets [C]. Barcelona: ASME Press, 2006.

[17] KURZKE J. Effects of inlet flow distortion on the performance of aircraft gas turbines [J]. Journal of Engineering for Gas Turbines and Power, 2008, 130 (4): 117-125.

[18] 孙鹏，于洋，钟兢军，等. 船舶进气系统进气特性的非定常研究 [J]. 工程热物理学报，2010，31 (4)：577-580.

[19] 王建华，吴宛洋，钟兢军，等. 船用燃气轮机进气系统气动特性 [J]. 大连海事大学学报，2017，43 (1)：33-39.

[20] 代燚. 低速风洞流场数值模拟与优化设计 [D]. 上海：上海交通大学，2013.

[21] BARTH T J, JESPERSEN D C. The design and application of upwind schemes on unstructured meshes [C]. Reston: AIAA, 1989.

[22] 张涛，付忠广，刘志坦，等. 燃气轮机进气过滤器性能及测试评价方法 [J]. 汽轮机技术，2020，62 (6)：401-405.

[23] 张宁. 燃气轮机空气过滤器性能及运行维护研究 [J]. 上海节能，2020 (7)：784-789.

[24] Air filters for general ventilation: ISO 16890: 2016 [S]. Geneva: International Standardization Organization, 2016.

[25] 中华人民共和国住房和城乡建设部. 空气过滤器：GB/T 14295—2019 [S]. 北京：中国标准出版社，2019.

[26] ASHRAE. Method of testing general ventilation air-cleaning devices for removal efficiency by particle size: ANSI/ASHRAE 52. 2-2017 [S]. Atlanta: ASHRAE, 2017.

[27] CEN. Particulate air filters for general ventilation: determination of the filtration performance: EN 779: 2002 [S]. London: BSI, 2002.

[28] CEN. High efficiency air filters (EPA, HEPA and ULPA): part 1 classification, performance testing, marking: BS EN 1822-1: 2009 [S]. London: BSI, 2009.

[29] 石蕾，王景存，吴晓鹏. 基于单片机的自洁式空气过滤器反吹控制系统设计 [J]. 自动化与仪表，2015，30 (10)：49-52.

[30] 周靓，李维浩，石雅楠，等. 船舶飞沫结冰研究综述 [J]. 舰船科学技术，2022，44 (10)：1-5.

[31] 李俊，龙涛. 燃气轮机高效空气过滤器在极端天气下的应用对策 [J]. 燃气轮机技术，2015，28 (2)：68-72.

[32] 徐亦淳. 燃气轮机进气冷却技术研究 [J]. 上海节能，2017 (11)：13-16.

[33] 曹炼博，王凯，严志远，等. 燃气机组部分负荷工况下的进气加热提效能力研究 [J]. 广东电力，2022，35 (11)：106-114.

[34] 张引弦. 进气湿度对燃气轮机性能的影响 [J]. 舰船科学技术，2011，33 (11)：67-70.

[35] 黄东煜. 进排气压损对不同工况燃气轮机性能影响研究 [J]. 机械工程与自动化，2014 (3)：72-74.

[36] 李永建. 外物损伤叶片的微观损伤和残余应力对疲劳性能影响 [D]. 南京：南京航空航天大学，2015.

[37] 孙跃武．燃气轮机性能退化及趋势预测技术研究［D］．哈尔滨：哈尔滨工程大学，2014.
[38] 赵德孜．海洋环境下燃气轮机涡轮叶片的热腐蚀与防护［J］．装备环境工程，2011，8（5）：100-103.
[39] 冯强，童锦艳，郑运荣，等．燃气涡轮叶片的服役损伤与修复［J］．中国材料进展，2012，12（31）：21-34.
[40] 张天野，传溥．船用燃气轮机进气过滤系统的计算流体力学（CFD）研究［J］．哈尔滨工程大学学报，2000，2（21）：20-24.
[41] 吴寅琛，冯湘斌，卢桂贤，等．M701F4 燃气轮机进气过滤器的失效分析及对策［J］．东方电气评论，2019，33（1）：19-23.
[42] 韩超，靳江波，李晓鹏．9F 燃气轮机进气系统优化改造［J］．内蒙古电力技术，2015，33（Z2）：29-32.
[43] 李飚．北方某电厂燃机进气系统运行状况及改造［J］．化学工程与装备，2016（10）：176-178.